NOUVEAU TRAITÉ

DU

NIVELLEMENT,

Par M. LE FEBVRE, *Capitaine - Ingénieur au Service de Prusse, de l'Académie Royale des Sciences & Belles Lettres de Berlin.*

DÉDIÉ AU ROY DE PRUSSE.

Imprimé A POTSDAM, *& se vend*

A PARIS, RUE DAUPHINE,

Chez CHARLES-ANTOINE JOMBERT, Libraire du Roy pour l'Artillerie & le Génie, à l'Image Notre-Dame.

M. DCC. LIII.

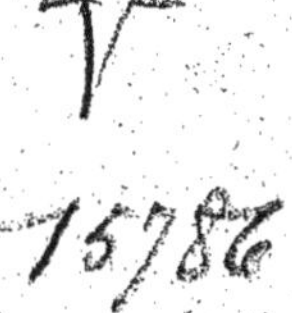

AU ROY,

IRE,

Après avoir rempli l'Europe de la gloire de vos armes,
Vous avez destiné le tems de la paix à la réformation
de la Justice, au progrès des Sciences, du Commerce &
des Arts, à tout ce qui peut contribuer au bonheur de vos

Peuples. La communication entre les différentes Provinces est d'un si grand avantage, qu'un des premiers soins de VOTRE MAJESTÉ ne pouvoit manquer d'être la jonction des Rivieres de votre Royaume, la construction des Canaux & des Ecluses qui pouvoient la faciliter.

Après avoir inspiré aux hommes l'amour de la gloire & le respect des Loix ; rien en effet n'est si digne d'un Souverain que ces grands Ouvrages qui changent en quelque sorte la surface de la terre, qui forment des Ports dans les lieux qui étoient à la merci des tempêtes, qui forcent les Fleuves de porter leurs eaux à la Mer par des routes nouvelles & plus utiles.

Dans le Livre que je mets aux pieds de VOTRE MAJESTÉ, je lui rends en quelque façon compte du travail dont elle m'a fait l'honneur de me charger, & j'ose lui présenter quelques pratiques nouvelles dont j'ai essayé d'enrichir l'Art. Je suis avec le plus profond respect,

S I R E,

DE *VOTRE MAJESTÉ*,

le très-humble & obéissant Serviteur
LE FEBVRE.

AVANT-PROPOS.

ON a reconnu par les degrés du Méridien qui ont été mesurés en Laponie, en France & au Perou, que l'axe de la terre étoit de 18340 toifes plus petit que le diametre de l'Equateur, & que le rapport de l'un à l'autre étoit comme 177 à 178.

Il réfulte de ces nouvelles Obfervations que la terre doit être applatie vers les poles, que ce feroit une erreur, & en même tems donner une fauffe idée de la figure de la terre que de la fuppofer fphérique; mais comme cette erreur ne porte aucun préjudice fenfible aux opérations d'un nivellement, & que la matiere deviendroit immenfe, fans être pour cela plus utile, fi l'on vouloit avoir égard à la différence des lignes dans tous les fens, & felon les différens lieux par où l'on feroit obligé de paffer en nivellant; j'ai confervé l'hypothéfe de la terre fphérique, comme la figure la plus propre au but que je me fuis propofé dans ce Traité, qui n'a proprement pour objet que de diriger l'œil & la main de celui qui eft chargé de l'ouvrage d'un grand nivellement.

a iij

Si la différence de la figure de la terre caufoit
quelqu'erreur, ce feroit dans le hauffement du niveau apparent par-deffus le vrai ; mais cette erreur
ne feroit fenfible qu'à une très-grande diftance.

M. Picard de l'Academie Royale des Sciences
de Paris, fuppofe dans fon Traité du Nivellement
la terre fpherique, & en détermi-
ne le diametre de . . . . 6538594 toifes de
France, qui, réduites en verges
du Rhin, font . . . . 3382031 verges.

M. de Maupertuis & les autres nouveaux obfer-
vateurs tant au Nord qu'à l'Equateur, ont trouvé
que l'axe de la Terre devoit être de 6525600 toifes
de Fr. & le diametre de l'Equat. de 6562480 toifes,
defquelles fommes ajoûtées enfemble, fi l'on pre-
noit la moitié ce feroit . . . . 6544040 toifes
qu'on pourroit prendre pour le dia-
metre en tous fens. Cette fomme,
réduite en verges du Rhin, feroit 3384848 verges
pour le diametre, qui feroit alors plus grand que
celui de M. Picard de 2817 verges, ou environ
2 lieues de France ; & en conféquence on devroit
à la rigueur ôter de chaque fomme marquée dans
la table pour le hauffement des diftances $\frac{1}{17}$e partie, ce qui pourtant, quand bien même on
le laifferoit, ne pourroit caufer aucune erreur fenfible.

Car fuppofons un coup de niveau de 250 verges,
ce qui ne laiffe pas déja d'être confidérable dans une

pratique qu'on veut être exacte ; si pour ces 250 verges on trouve dans la table des haussemens 2 pouces
9 lignes , il s'agiroit d'en ôter $\frac{1}{114}^e$ partie , ce qui revient à peu près à $\frac{1}{4}$ de ligne , & de dire que le haussement du niveau apparent par-dessus le vrai pour
250 verges est de 2 pouces 8 lignes $\frac{3}{4}$, & ainsi des
sommes des autres distances ; ce qui dans la pratique revient au même , & m'a engagé à laisser la table des haussemens telle que je l'ai inserée dans le
Traité , en supposant la terre spherique , & son diametre tel que M. P I C A R D l'a supposé.

Il est à observer que la verge du Rhin a 12 pieds,
& la toise de France 6 pieds ; mais que la différence
du pied de France à celui du Rhin est celle de 29
à 30, c'est-à-dire que 29 pieds de France font 30
pieds du Rhin.

J'ajouterai que dans les ouvrages qui concernent
les eaux, comme sont les Digues, les Ecluses, les
Moulins, les canaux, &c. lorsqu'il s'agit de quelque nivellement considérable , on ne sçauroit y
procéder avec trop d'exactitude & de circonspec-
tion. Mais comme un bon nivellement dépend prin-
cipalement d'un bon Niveau, Messieurs PICARD, DE
LAHIRE, HUYGHENS, ROEMER & plusieurs autres,
se sont fort appliqués à perfectionner cet instrument, chacun par des moyens différens pour arriver au même but.

Quoique selon le sentiment géneral, M. PICARD
ait été celui de ces Académiciens qui a le mieux

réuffi ; j'ai cependant remarqué dans la defcription de fon niveau quelques inconvéniens qui ne mar-quent pas qu'il foit parvenu au degré d'exactitude requis dans ces fortes d'ouvrages : mais comme fon inftrument eft fort bon, à quelques petites correc-tions près qu'il étoit aifé de faire, j'ai fait conftruire à Berlin, à l'imitation du fien, un niveau qui étant fondé fur les mêmes principes, a les mêmes pro-priétés ; l'ayant rendu au refte plus commode & plus exact dans la pratique, par les changemens que j'y ai fait. C'eft ce qui m'a donné lieu de traiter cette matiere avec un peu plus de détail que l'on n'avoit fait jufqu'ici, ayant eu l'occafion de l'ap-profondir dans le grand nivellement que j'ai fait des Rivieres de Havel & de Sprée, comme on le verra dans ce Traité, où je crois n'avoir rien laiffé à defirer fur un fujet de cette importance.

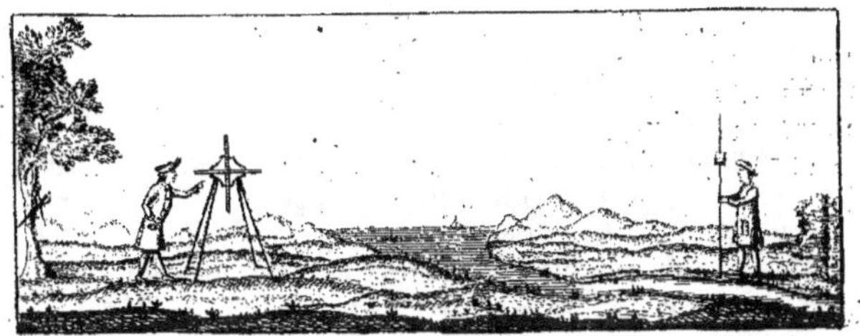

NOUVEAU TRAITÉ
DU
NIVELLEMENT.

CHAPITRE I.

De la Théorie du Nivellement.

1. **L**'ART de niveller eſt celui de connoître de combien un point pris ſur la ſurface de la terre eſt plus bas ou plus élevé qu'un autre point pris ſur la même ſurface : ou ce qui eſt le même, de combien il eſt plus ou moins éloigné du centre de la terre. *En quoi conſiſte l'art de niveller.*

2. Cet art conſiſte en deux choſes principales qui ſont, 1°. de chercher, trouver & marquer deux ou pluſieurs points de niveau, qui faiſant partie de la circonference d'un cercle, ont pour centre celui de la Terre. *Exemple.* *Voyez l'avant-propos.*

Pl. 1. *Fig. 1.* 3. Soit le centre de la terre *A* : les points *B*, *C*, *D*, *E*, *F*, marqués ſur la circonference du cercle *BCDEF*, qui fait une ligne de Nivellement, ſont de niveau entr'eux, parce qu'ils ſont également éloignés de leur centre *A*.

4. 2°. De comparer avec les points de niveau trouvés &

A

marqués, d'autres points donnés, dont on veut fçavoir la différence, par rapport à leur hauteur réciproque, ou éloignement du centre de la terre. *Exemple.*

La comparaifon de 2 ou plufieurs points de niveau avec d'autres points dont on veut connoître la différence par rapport à leur hauteur réciproque.

5. On veut fçavoir fi le point donné *B* eft plus haut que le point *C*, & de combien. On veut auffi fçavoir fi le point *C* eft plus bas que le point *D*, & de combien. Pour cet effet, on cherche & on marque fur le prolongement des rayons *AB*, *AC* & *AD*, les points *E*, *F*, *G* de niveau ; enfuite, en comparant *B* avec *E*, *C* avec *F*, & *D* avec *G*, on verra de combien *B* eft plus près de la circonference du cercle que *C*, & par conféquent de combien il eft plus éloigné du centre de la terre *A*. On verra de même, de combien *C* eft plus éloigné de la circonference que *D*, & par conféquent de combien il eft plus près du centre, qui eft ce qui détermine la hauteur de l'un par rapport à l'autre ; il en fera de même d'une infinité d'autres points, comme de ces trois-ci, & voilà précifément en quoi confifte la Science du Nivellement.

Pl. 1. Fig. 2.

Des différentes Méthodes pour marquer des points de niveau.

Premiere méthode pour marquer deux points de vrai niveau.

6. La premiere, qui eft la plus fimple & la plus indépendante, eft par la tangente au cercle, lorfque le point d'attouchement eft précifément au milieu de la ligne : car alors les extrémités marqueront des points de niveau, comme il fera démontré.

La tangente marque à fes deux extrémités des points de vrai niveau, dès que le point d'attouchement eft au milieu de la ligne.

7. Mais fi le point d'attouchement à la circonference eft à une des extrémités de la ligne, ou bien en quelqu'autre partie qui ne foit pas le milieu, alors elle ne marquera plus que le niveau apparent, puifqu'une de fes extrémités fera plus éloignée de la circonference que l'autre. *Exemple.*

8. La tangente *B C* marque deux points du vrai niveau, en *B* & en *C*, parce que le point d'attouchement *D* eft exactement au milieu de la ligne, & que les deux extrémités font également éloignées de la circonference & du centre *A*.

Pl. 1. Fig. 3.

9. La tangente *D C* ou *E D C* marque deux points de niveau apparent, parce que le point *D*, où elle touche la circonference, n'est pas au milieu de la ligne; ce qui fait qu'une de ses extrémités est plus près de la circonference que l'autre, qui en s'en éloignant, s'éloigne à proportion du centre. C'est ce qui fait la différence du niveau apparent & du vrai niveau dont nous parlerons ensuite.

10. Dès qu'une ligne est tangente au cercle, elle est nécessairement perpendiculaire au rayon qui aboutit au point de la circonference où touche la ligne; on peut donc se servir du rayon du cercle pour déterminer cette tangente, & par ce moyen marquer des points de niveau. *Exemple.*

Fig. 5. 11. Soit le centre de la terre *A*, le rayon *A B*, & la tangente *C B D* : les deux extrémités *C* & *D* sont également éloignées du point d'attouchement *B*, elles marquent par conséquent deux distances égales, qui avec le rayon *A B*, font de chaque côté les angles égaux, étant tous les deux droits; ainsi je dis que les deux extrémités de la tangente *C D* marquent deux points de niveau, parce qu'elles sont également éloignées du centre *A*.

12. *Démonstration.* Les deux triangles *A B C*, *A B D*, sont rectangles en *B*, puisqu'ils sont formés par une tangente dont le point d'attouchement à la circonference est à l'extrémité du rayon *B*. Les deux côtés *B C*, *B D*, sont égaux par la position. Le rayon *A B* est commun à tous les deux : il s'ensuit donc que les deux côtés *A C* & *A D* opposés aux angles droits sont égaux, que les points *C* & *D* sont également éloignés du centre *A*, & par conséquent de niveau, puisque les lignes qui mesurent leurs distances sont égales.

13. Il s'ensuit aussi de cette démonstration, que si d'un point pris sur le rayon, on tire de part & d'autre des lignes droites à égales distances, quand bien même elles ne seroient pas perpendiculaires sur le rayon, leurs extrémités marqueront pourtant des points de niveau, dès qu'elles

rayon des angles égaux, les extrémités de ces lignes seront de niveau.

feront avec le rayon les angles de chaque côté égaux, quels qu'ils puissent être. *Exemple.*

14. Soit la ligne *B A* qui marque le rayon au centre de la terre : Si du point *B*, pris sur ce rayon, on tire les lignes *B C* & *B D*, faisant avec ce même rayon les angles de chaque côté égaux, comme de 95 degrés chacun, alors les deux extrémités C, D, marqueront des points de niveau, puisque les lignes qui mesurent leur distance jusqu'au centre sont égales. Car il est bien évident que ce n'est pas l'ouverture d'un angle de 90 dégrés qui fait les distances égales, mais l'égalité d'ouverture de chaque côté. Pl. 1.
Fig. 6.

15. Il seroit cependant en quelque façon mieux dans la pratique du nivellement, que les lignes qui doivent marquer le niveau, & qui sont dites lignes de nivellement, fussent perpendiculaires sur le rayon, ou du moins qu'elles en approchassent de si près, qu'au cas que les distances ne fussent pas absolument égales, cela ne causât point d'erreur sensible dans l'opération.

Du Niveau apparent.

Le niveau apparent est une ligne droite formée par le rayon visuel & perpendiculaire sur le rayon d'un cercle, auquel elle touche par une de ses extrémités.

16. Lorsque la ligne de nivellement sera perpendiculaire sur le rayon, en le touchant par une de ses extrémités, alors l'autre extrémité marquera le niveau apparent, & pour avoir le vrai niveau, il ne s'agira que de connoître le haussement du niveau apparent par-dessus le vrai.

Des haussemens du Niveau apparent.

En quoi consiste le haussement du niveau apparent par-dessus le vrai. Voyez l'avant propos.

17. Pour connoître le haussement du niveau apparent par-dessus le vrai, pour une certaine distance, il faut premierement quarrer la distance, & diviser ensuite le produit du quarré par le diametre de la terre, reconnu selon les observations de M. Picard, pour être de 3382031 verges du Rhin. Le quotient donnera la différence ; d'où l'on voit qu'il s'ensuit que les haussemens du niveau apparent

font entr'eux comme les quarrés de leur diſtance , & qu'ainſi la différence eſt plus ou moins conſidérable , ſelon que la ligne qui meſure la diſtance a plus ou moins d'étendue ; car alors l'extrémité de cette ligne s'éloigne à proportion de la circonference du cercle , à meſure qu'elle s'éloigne du point où elle la touche. *Exemple.*

Pl. 1.
Fig. 7.

18. Soit le centre de la terre A, l'arc BC qui marque le vrai niveau , & la tangente BED qui marque le niveau apparent ; il eſt aiſé de voir que la ſecante AD ſurpaſſe le rayon AB de la diſtance CD, & cette diſtance CD marque la différence du niveau apparent par-deſſus le vrai. On voit auſſi , que ſi la ligne ne s'étendoit que juſques en E, la différence ne ſeroit pas ſi grande que lorſqu'elle s'étendra juſques en D, & qu'ainſi la différence ſera plus conſidérable à meſure que la ligne aura plus d'étendue.

19. Si cependant la diſtance n'excédoit pas 25 verges , le hauſſement ne ſeroit pas conſidérable , & il ne ſeroit pas néceſſaire d'y faire attention ; mais ſi elle étoit de 50, 100 verges, &c. alors l'erreur qui en réſulteroit deviendroit ſenſible , & demanderoit qu'on y eût égard. C'eſt pour cela que j'ai inſéré la Table ci-après, où j'ai calculé les hauſſemens du niveau apparent par-deſſus le vrai , depuis 25 juſqu'à 16000 verges.

Qu'il ne faut pas faire attention aux hauſſemens , ſi la ligne ne paſſe pas 25 verges.

Table des hauſſemens du Niveau apparent.

Diſtances.	Verges.	Pieds.	Pouces.	Lignes.
25	0	0	0	0 $\frac{1}{2}$
50	0	0	0	1 $\frac{1}{3}$
75	0	0	0	3
100	0	0	0	5 $\frac{1}{2}$
125	0	0	0	8 $\frac{1}{3}$
150	0	0	1	0
200	0	0	1	9 $\frac{3}{4}$
250	0	0	2	9
300	0	0	4	0
400	0	0	7	1
500	0	0	11	2
1000	0	3	6	7
2000	1	2	2	3
4000	4	8	9	3
8000	18	11	1	0
16000	75	8	4	0

20. On peut voir par cette Table de quelle conſéquence il

eſt de faire attention aux hauſſemens du niveau apparent par-deſſus le vrai, lorſque les diſtances ont une certaine étendue.

Qu'il faut auſſi prendre garde aux refractions du rayon viſuel. 21. Outre l'attention que l'on doit faire aux hauſſemens du niveau apparent, il y a encore à prendre garde aux refractions, qui à la vérité ne ſont pas bien conſidérables lorſque l'on nivelle dans un tems ſerein, & que la ligne n'excéde pas 300 ou 400 verges; mais qui pourtant ne laiſſent pas que de nuire à l'exactitude.

De la Refraction.

Ce que c'eſt que la refraction. 22. La refraction eſt lorſque le rayon viſuel, au lieu de décrire une ligne droite du point d'obſervation au point de viſée, eſt rompu en chemin par l'atmoſphere qui l'oblige à ſe courber, d'autant plus ou moins que cet air vaporeux qui environne la terre eſt plus ou moins condenſé. J'ai obſervé dans le tems de mes opérations, lorſque j'ai nivellé le matin qu'il faiſoit un peu de brouillard, que l'objet qui m'avoit paru alors dans le niveau, me paroiſſoit quelque tems après au-deſſous, & même aſſez conſidérablement, pour une ligne d'environ 150 verges, qui étoit ordinairement mon coup de niveau. J'ai fait pluſieurs fois cette obſervation, & je crois que cela pouvoit m'arriver d'autant plus aiſément que j'ai toujours nivellé terre à terre, & dans les endroits les plus bas, comme les plus convenables à mes opérations; mais comme j'ai auſſi toujours nivellé par milieu d'une ſtation à l'autre, c'eſt ce qui fait que je n'y ai pas fait plus d'attention.

La premiere méthode n'exige point de rectification. 23. La premiere méthode pour marquer deux points de niveau comme nous l'avons expliqué, c'eſt-à-dire par la tangente dont le point d'attouchement à la circonference eſt préciſément au milieu de la ligne, peut ſe pratiquer ſans rectification de l'inſtrument, ſans avoir égard aux hauſſemens du niveau apparent par-deſſus le vrai, & en laiſſant l’inſtrument dans quelqu’état qu’il puiſſe être, pourvû cependant qu’il n’y arrive point de changement dans le tems de l’opération.

24. Mais afin de s’en ſervir avec ſuccès on placera, autant qu’il ſera poſſible, l’inſtrument à égale diſtance des termes que l’on voudra niveller ; car il eſt évident que ſi d’une même ſtation, avec un inſtrument qui demeure à même hauteur, & dont on ſe ſert toujours de la même maniere, on détermine deux ou pluſieurs points de viſée qui ſoient également éloignés de l’œil obſervateur, tous ces points feront également éloignés du centre de la terre, étant également élevés ou abaiſſés à l’égard du vrai niveau : C’eſt-pourquoi ils feront tous de niveau entr’eux, quoiqu’ils ne le ſoient pas avec l’œil obſervateur.

Pl. 1. Fig. 8.

25. Soit l’inſtrument B placé à égale diſtance des termes C, D, les deux points de viſée E, F marqués ſur les perpendiculaires C G, D H, ſont de niveau entr’eux, quoiqu’ils ne le ſoient pas avec le point de l’œil obſervateur B.

26. J’ai dit que pour ſe ſervir de cette premiere méthode avec ſuccès, il falloit, autant qu’il feroit poſſible, ſe placer entre & à égale diſtance des termes, quoique pourtant ce ne ſoit pas une néceſſité abſolue, comme nous le verrons dans la pratique du Nivellement, depuis le N. 191 juſqu’au N. 194.

Seconde Méthode.

27. Cette ſeconde méthode eſt pour niveller d’un point à un autre immédiatement, chacun des termes ſervant de ſtation. On peut s’en ſervir ſans rectification, comme avec rectification de l’inſtrument, & ſans avoir égard aux hauſſemens du niveau apparent ; mais alors elle demande un double nivellement fait de la premiere ſtation à la ſeconde, & réciproquement de la ſeconde à la premiere. Pour rendre la choſe plus intelligible, je vais en propoſer quelques exemples.

28. Le premier ſuppoſe que l’inſtrument eſt rectifié, pour

Nous dirons enſuite ce que c’eſt que la rectification d’un inſtrument.

On doit, en nivellant, ſe placer autant qu’il eſt poſſible au milieu & à égale diſtance des termes.

Deuxiéme méthode pour marquer deux points de niveau, d’une ſtation à l’autre.

Cet exemple

marquer le vrai niveau à une diftance égale à celle des points d'une ftation à l'autre.

29. Soient les deux termes B, E, par lefquels paffe leprolongement des rayons BC, ED, qu'on peut, dans la pratique du Nivellement, regarder comme deux perpendiculaires parallèles entr'elles, fans courir rifque d'aucune erreur fenfible. Si fur ces deux perpendiculaires, on veut marquer deux points de niveau, felon cette feconde méthode, il faut pour première ftation placer l'inftrument au terme B, la hauteur de l'œil pour la première ligne de vifée fera en F, & le point de vifée de l'autre côté en G. Pour feconde ftation, il faut tranfporter l'inftrument en E, & le placer, autant qu'il fera poffible, de façon que la hauteur de l'œil pour la feconde ligne de vifée, foit rapportée en G, premier point de vifée. Alors fi le fecond point de vifée fe rencontre avec le premier point de l'œil F, c'eft une marque que ces deux points font de niveau; car comme il eft à fuppofer qu'il n'eft arrivé aucun changement à l'inftrument dans les deux opérations, & qu'il étoit dans le même état à chaque ftation, il s'enfuit que les angles AGF, AFG font égaux par la pofition, & que par conféquent les lignes AF, AG font égales entr'elles : c'eft pourquoi les points F, G feront de niveau, étant également éloignés du centre A.

30. Mais fi la fituation des deux termes étoit telle que la hauteur de l'œil, pour la feconde ligne de vifée, ne puiffe être rapportée à la hauteur du point G, mais feulement en H; alors fi le fecond point de vifée marqué de l'autre côté en I, eft autant éloigné du point F, comme H du point G, il s'enfuivra que les deux lignes FG, HI, quoiqu'elles ne fe rapportent pas quant à la hauteur, feront pourtant parallèles, & leurs extrémités par conféquent de niveau.

31. Mais fi l'inftrument hauffoit ou baiffoit la mire, alors les lignes de vifée ne fe rapporteroient plus, elles ne feroient plus parallèles, & ne marqueroient plus le vrai niveau.

veau. Cela eſt vrai ; mais elles ſerviroient à le marquer, comme il ſe verra dans l'exemple ſuivant.

Pl. 1.
Fig. 11.
32. Nous ſuppoſerons d'abord que pour la diſtance B E, l'inſtrument hauſſe la mire de 6 pouces ; après avoir placé pour premiere ſtation l'inſtrument en B, la hauteur de l'œil au point F, & le point de viſée G pour la ſeconde ſtation, il faudra tranſporter l'inſtrument au terme E, & ayant rapporté la hauteur de l'œil au point G, il faut marquer le ſecond point de viſée plus haut que la premiere hauteur de l'œil, ſelon que l'inſtrument hauſſera la mire, comme ici de 12 pouces, en H : pour lors les deux lignes de viſée ſont antiparalleles & font l'angle F G H. Si l'on diviſe cet angle en deux parties égales, ou ce qui eſt le même, ſi l'on diviſe la diſtance F H, comme ici au point I, parce que la ligne qui partage l'angle doit couper cette diſtance en deux parties égales, en paſſant par le même point I, alors ce point I avec le point G feront de niveau.

33. *Démonſtration.* Les angles A F G, A G H ſont égaux par la poſition, & l'angle au point A eſt commun pour les deux triangles A F G, A G H. Il s'enſuit donc que les autres angles reſtans dans ces deux triangles, comme A G F & A H G ſeront égaux. Car par la trente-deuxiéme du premier Livre d'Euclide, les trois angles de tout triangle ſont égaux à deux droits : ſi donc on ajoute à l'angle A G F, l'angle F G I, la ſomme qui eſt l'angle A G I, ſera égale à la ſomme de l'angle A H G & de l'angle H G I, qui ſont égaux aux deux premiers. Mais dans le triangle I H G, par la même trente-deuxiéme propoſition, l'angle extérieur A I G eſt égal aux deux intérieurs oppoſés A H G, H G I. Ainſi l'angle A I G ſera égal à l'angle A G I ; par la ſixiéme du premier d'Euclide, les lignes A G & A I ſeront égales, & par conſéquent les points G & I de niveau.

34. Si les deux antiparalleles concourent au dedans de l'angle, comme en cet exemple au point K : alors la
Pl. 1.
Fig. 12.
ligne L K M menée par le point K, en ſorte qu'elle diviſe en deux également, les angles égaux H K F & I K G, cou-

pera les deux diſtances F H & G I en deux parties égales,
aux points L & M, qui feront les deux points de niveau.

35. *Démonſtration.* Aux deux triangles K F L, K G M,
les angles au point K font égaux, & par la 32.e du premier
Liv. d'Euclide, l'angle extérieur A F I du triangle K F L eſt
égal aux deux intérieurs oppofés K L F & F K L, de même
l'angle extérieur A G H du triangle K G M eſt égal aux
deux intérieurs G K M & K M G : ainſi les deux triangles A F I & A G H étant égaux par la pofition, de même les deux angles K L F, F K L pris enfemble, feront
égaux aux deux angles G K M, K M G auſſi pris enfemble ; defquels ſi l'on retranche les égaux F K L, G K M,
les reſtans K L F ou A L M, & K M G ou A M L fe-
ront égaux ; par la 6.e du premier Livre d'Euclide, les côtés
A L , A M du triangle, L A M feront égaux ; donc les
points L, M feront de niveau.

36. Enfin ſi les antiparalleles ne concouroient pas en-
dedans, mais en-dehors de l'angle, comme en cet exemple au point K ; il faudroit alors divifer l'angle F K H
en deux également, par la ligne L I K qui coupera en
même tems en deux parties égales, les diſtances F H,
O O, marquées fur les perpendiculaires B C & E D, alors
les points L & I feront de niveau. C'eſt la même démonſtration que la précédente.

37. J'ai dit que le prolongement des rayons, comme
dans les exemples précedens B C de A B, & E D de A E,
pourroit être regardé comme marquant des lignes perpendiculaires paralleles entr'elles, fans craindre aucune
erreur fenfible, à caufe du grand éloignement des termes de chaque ſtation jufqu'au centre de la terre, & en
comparaifon du peu de diſtance d'un terme à l'autre ;
d'où il s'enfuit qu'on peut auſſi fans appréhender aucune erreur fenfible, divifer dans les exemples précedens,
les angles formés par les antiparalleles, en divifant leurs
bafes marquées fur les perpendiculaires.

38. On peut auſſi, par les exemples précedens de cette

Cas où les antiparalle-
les concou-
rent en de-
hors de l'an-
gle.

Les prolon-
gemens des
rayons du
centre de la
terre aux
points des
ſtations, peu-
vent être re-
gardés com-
me paralle-
les.

On peut rec-

feconde Méthode , connoître de combien un inftrument hauffe ou baiffe la mire, & le rectifier, foit pour lui faire marquer le niveau apparent , foit pour lui faire marquer le vrai niveau pour une certaine diftance limitée.

39. Nous parlerons plus amplement de cette rectification ou vérification d'un inftrument, dans le Chapitre fuivant; mais avant que de finir celui-ci, nous aurons encore quelques remarques à faire.

40. Un inftrument qui en baiffant la mire marquera le vrai niveau , ne pourra le marquer que pour une certaine diftance limitée, comme de 150 ou 300 verges &c.

41. Un inftrument qui marque le niveau apparent, le marque à diftance quelconque.

42. Si un inftrument hauffe ou baiffe la mire à l'égard du niveau apparent, c'eft une erreur qui croît ou décroît à raifon des diftances ; mais le hauffement du niveau apparent par-deffus le vrai, fuit la raifon doublée des diftances , qui eft celle de leur quarré.

43. Nous fuppoferons dans cet exemple, qu'un inftrument placé en B, marque la ligne de vifée C G, qui fait tel angle avec la ligne de niveau apparent C D F. Si pour la diftance C E, fuppofée de 150 verges, le niveau hauffe la mire de 3 pouces, il hauffera de 6 pouces pour la diftance C G de 300 verges; car les deux lignes E D, G F, étant menées parallèles , elles formeront les triangles femblables C D E, C F G ; ainfi par la 4. du 6. Livre d'Euclide , C D fera à D E : C F à F G.

44. J'ai ajouté que le hauffement du niveau apparent par-deffus le vrai , ne fuivoit pas la raifon des diftances, mais celle de leur quarré ; car, comme dans le même exemple, le demi-diametre A C, eft à la tangente C F ; ainfi C D ou H D, tangente de la moitié de l'angle B A F, eft à H F, à caufe des triangles femblables A C F, D H F, qui font rectangles en C & en H, à caufe des tangentes C D, H D, par la 18. du troifiéme Livre d'Eu-

cide, & qui ont l'angle commun au point F : si on double
l premier & le troisiéme terme de cette proportion, on aura,
comme le diametre entier est à la tangente CF, ainsi le
double de CD, que l'on suppose égal à CF, sera à HF
qui est la correction requise : c'est pourquoi le produit
des termes moyens de cette derniere proportion, qui est
le quarré de CF, étant divisé par le premier terme, qui
est le diametre de la terre, produira la correction HF.
Or on peut supposer aux petits angles, tels que sont ceux
dont il s'agit dans la pratique du nivellement, que le
double de CD, est égal à CF ; par conséquent le diametre de la terre est à la distance CF des points que
l'on veut mettre de niveau, comme cette même distance
CF, au haussement du niveau apparent par-dessus le vrai.

Pl. 1.
Fig. 15.

Sur quoi est
fondé le cal-
cul du hauf-
fement du ni-
veau appa-
rent par-def-
fus le vrai.

45. Le calcul du haussement du niveau apparent par-
dessus le vrai, est en conséquence de cette démonstration ;
on y verra donc que le haussement pour 150 verges est
d'un pouce, & pour 300 verges de 4 pouces. Ainsi
supposant que la ligne de nivellement BC, hausse la
mire de 3 pouces pour 150 verges, il faudra donc baisser le point de visée de C en D de trois pouces pour marquer le niveau apparent de B en D ; & pour marquer le
vrai niveau, il faudra encore baisser d'un pouce de D en E,
puisque pour la distance de 150 verges, il y a un pouce de
correction pour le haussement du niveau apparent.

46. Mais si l'instrument, au lieu de hausser la mire, la bais-
soit de 3 pouces de D en F ; alors pour marquer le niveau
apparent, il faudroit se relever de 3 pouces, & seulement
de 2 pouces pour marquer le vrai niveau, parce qu'au lieu
d'ajouter, comme à l'exemple précedent, il faudroit retenir
un pouce pour la correction du niveau apparent.

47. Un instrument qui baisse la mire peut récompenser le
niveau apparent pour une certaine distance. Par exemple :
Un instrument qui baisse la mire d'un pouce, récompense
le haussement du niveau apparent pour 150 verges, parce que le haussement de l'un, qui est un pouce,

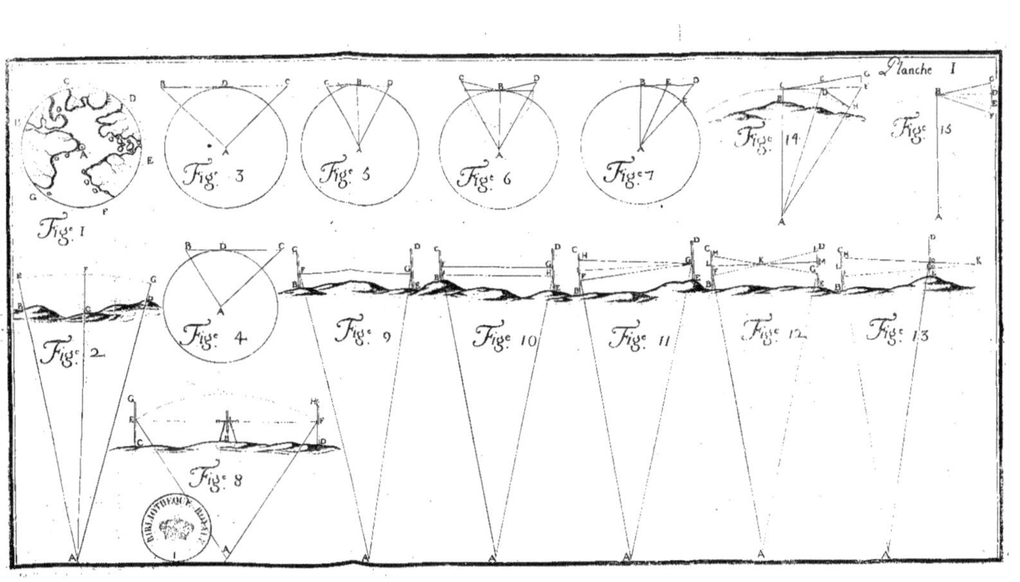

Planche I
Fig. 1
Fig. 2
Fig. 3
Fig. 4
Fig. 5
Fig. 6
Fig. 7
Fig. 8
Fig. 9
Fig. 10
Fig. 11
Fig. 12
Fig. 13
Fig. 14
Fig. 15

récompenſe le baiſſement de l'autre qui eſt auſſi un pouce.

48. De même lorſqu'on connoîtra de combien un inſtrument baiſſe la mire pour une certaine diſtance, il ſera aiſé de connoître à quelle diſtance il marquera le vrai niveau.

49. On ſçait qu'un inſtrument baiſſe la mire de 6 pouces pour 300 verges, & on veut ſçavoir à quelle diſtance il marquera le vrai niveau; il faut 1°. chercher dans la Table ci-devant, N. 20, le hauſſement du niveau apparent pour 300 verges, & on le trouvera de 4 pouces. Enſuite en faiſant la regle de proportion comme ci-après, on trouvera qu'un tel inſtrument marquera le vrai niveau à 450 verges.

50. Cette Regle eſt fondée ſur ce que nous avons déja dit, que l'erreur d'un inſtrument croît ou décroît en raiſon des diſtances, & que les hauſſemens du niveau apparent ſuivent la raiſon de leur quarrée.

Regle de Proportion :

$$\text{Si } 4. \qquad 300. \qquad 6$$
$$\frac{6}{1800} \Big| 4.$$
$$200$$
$$\overline{\qquad 450}$$

Connoiſſant de combien un inſtrument baiſſe la mire, on connoîtra à quelle diſtance il marquera le vrai niveau.

CHAPITRE II.

Deſcription de pluſieurs Niveaux, & façon de les rectifier.

DU NIVEAU D'EAU.

51. DE tous les inſtrumens dont on s'eſt ſervi juſques ici pour le nivellement, celui que nous appellons niveau d'Eau, parce que c'eſt de la ſurface de l'eau qu'il tire ſa juſteſſe & ſes propriétés, eſt le plus ſimple & le plus commode de tous. Il ſeroit auſſi un des meilleurs, s'il étoit poſſible que l'œil eût aſſez de juſteſſe pour ſaiſir exactement deux points de la ſuperficie de ſon eau à la diſ-

tancce de 3 ou 4 pieds, qui eſt la longueur ordinaire de cet inſtrument, dont voici la deſcription.

52. Il conſiſte en un tuyau de fer blanc, ou de léton, de forme cilindrique, d'environ quatre pieds de long, & d'un pouce de diametre, recourbé à angle droit, d'environ deux pouces & demi par ſes extrémités, qui portent deux bouteilles de verre bien blanc, dont le diametre doit être un peu moindre que celui du tuyau dans lequel elles doivent être enchaſſées & bien ſcellées avec quelque cire ou maſtic. Elles doivent auſſi déborder le fer de trois ou quatre pouces, & être ouvertes par les deux bouts, afin qu'en mettant de l'eau dans l'une, elle puiſſe paſſer dans l'autre, dès que le niveau eſt poſé ſur ſon pied horiſontalement, pour ne faire dans l'une & l'autre qu'une même eau & une même ſurface.

53. Mais comme il eſt conſtant que tous les points de la ſuperficie de l'eau, ou de quelque liqueur que ce puiſſe être, dès qu'elle n'eſt point en mouvement, ſont de niveau; puiſqu'en tendant tous également au centre, ils en ſont également éloignés; il s'enſuit que dès que l'on peut ſaiſir juſtement deux points de cette ſuperficie, comme B C, & par ces deux points en marquer un troiſiéme D ſur la même ligne à une certaine diſtance, ce dernier point avec les deux premiers marquera le niveau apparent, qui pourra, ſans craindre d'erreur ſenſible, être pris pour le vrai niveau : car comme il eſt pour l'ordinaire impoſſible que l'œil ſeul puiſſe voir diſtinctement un point ou une ligne à plus de 25 verges, il eſt de même moralement impoſſible que l'œil ſeul puiſſe bien diſtinctement donner un coup de niveau qui ſoit juſte à une plus grande diſtance.

54. Or comme nous avons dit au Chapitre précedent, N. 19. que ſi la diſtance n'excedoit pas 25 verges, il ſeroit inutile d'y faire attention pour le hauſſement; il s'enſuit donc que tout coup de niveau donné, ſoit avec l'eau, ſoit avec des pinules ſimplement, peut en toute ſureté être regardé comme marquant le vrai niveau.

55. Ce niveau peut très - bien fervir pour de courtes diftances, vû que l'erreur ne peut pas être bien confidérable ,
s'il ne s'agit que de quelques coups de niveau ; mais dans
un grand nivellement , il feroit à craindre, fi l'on n'y ap-
portoit pas une extréme précaution , que l'erreur ne fe
multipliât par la quantité , à moins que le hafard ne fit
que l'un récompenfât l'autre , ce dont pourtant on n'eft
jamais fûr.

56. C'eft ce qui a donné lieu à plufieurs de travailler fur
cette matiere , & d'inventer d'autres inftrumens moins fuf-
ceptibles d'erreur , plus exacts & plus expéditifs pour
ces fortes d'opérations.

57. Comme Mrs Huyghens , de Lahire & Picard
font ceux qui ont en cela le mieux réuffi , je vais rapporter la
defcription des inftrumens de leur invention , telle qu'elle
eft inferée dans le Traité du Nivellement de M. Picard ,
au fixiéme Tome des Mémoires de l'Académie Royale des
Sciences de Paris.

Defcription du Niveau de M. Huyghens.

58. La principale partie de cet inftrument eft une Lunette
d'approche d'un ou de deux pieds, ou plus, felon qu'on
veut qu'elle faffe plus d'effet. Elle eft de deux ou de
quatre verres convexes à la maniere ordinaire & affez con-
nue ; les deux faifant voir les objets renverfés, & les quatre
les remettant droits. Son tuyau eft de leton ou d'autre
métal, de forme cilindrique, & paffe dans une virolle C
qui l'enferme par le milieu où elle eft foudée.

59. Cette virolle a deux branches plates pareilles, D, E,
l'une en haut & l'autre en bas, chacune d'environ le quart
de la lunette , de forte que le tout fait une maniere, de
croix. Au bout de ces branches font attachés des filets
doubles, paffés dans de petits anneaux & puis ferrés entre
des pinces.

60. L'une des dents de ces pinces eft attachée au bout de

Pl. 2.
Fig. 2.

fa branche fixement, & l'autre de maniere qu'elle fe puiffe ouvrir. Par l'un de ces anneaux on fufpend la croix au crochet F, & par en bas on attache à l'autre anneau (fuivant ce qui fera dit) un poids qui égale environ la pefanteur de la croix, & qui eft enfermé dans la boëte G, dont il ne fort que fon crochet ; ce qui refte d'efpace dans cette boëte, eft rempli de quelqu'huile, comme de noix, de lin ou autre qui ne fe fige point, par où les balancemens du poids & de la lunette s'arrêtent promptement. Pl. 1.
Fig. 2.

Du fil tendu au foyer du verre objectif.

61. En-dedans de la lunette il y a un fil de foye, tendu horifontalement au foyer du verre objectif, foit qu'il y ait un ou trois oculaires. Ce fil fe peut hauffer ou baiffer par le moyen d'une vis que l'on tourne à travers le trou percé dans le tuyau de la lunette. La maniere d'ajufter ce fil, fera expliquée ci-après. I eft une virole fort legere, ne pefant que $\frac{8\cdot0}{1}$ ou un 100. de la croix, qui s'arrête à tel endroit du tuyau de la lunette que l'on veut, & outre celle-ci, fi la croix n'eft pas bien en équilibre, c'eft-à-dire, fi le tuyau de la lunette n'eft pas bien parallele à l'horifon, l'on met quelqu'autre virole en-dedans de la lunette d'un poids fuffifant pour faire cet équilibre ; en quoi pourtant il n'eft pas requis une fi grande juftesse. Pl. 1.
Fig. 3.

Croix de bois plate à laquelle eft fufpendue la machine.

62. Une croix de bois plate fert à fufpendre la machine, ayant pour cela en-haut le crochet F, & à l'un de fes bras la fourchette K, qui empêche le trop de mouvement lateral de la lunette, ne lui laiffant qu'une demi-ligne de jeu. La boëte qui contient le plomb & l'huile, tient à la même croix, étant enfermée par les côtés & par le fond ; & pour couvrir le niveau contre le vent, l'on applique contre la croix plate de bois, une croix creufe auffi de bois L, qu'on y attache avec deux ou trois crochets, de forte que le tout fait alors une boëte entiere. Pl. 1.
Fig. 3.

Rectification

Rectification de ce Niveau, & façon de s'en servir.

63. Pour ajuster & rectifier ce niveau, on le suspend par une de ses branches, sans y attacher le plomb par en-bas, & l'on vise à quelqu'objet éloigné, remarquant l'endroit où donne le fil horisontal, que l'on voit distinctement, aussi bien que l'objet ; puis on ajoute le plomb en l'accrochant par l'anneau d'en-bas ; & si alors le fil horisontal répond à la même marque de l'objet, l'on est assuré que le centre de gravité de la croix est précisément dans la ligne droite qui joint les deux points de suspension, sçavoir où les deux filets sont attachés aux branches, qui est la premiere préparation nécessaire.

64. Mais si cela ne se trouve point, on en vient aisément à bout par le moyen de la virole I, en observant que si la lunette baisse lorsque le poids est attaché, il faut avancer la virole vers le verre objectif, & la retirer au contraire, si la lunette hausse après avoir attaché le poids. Cela est vrai, soit que la lunette soit à quatre ou seulement à deux verres convexes ; c'est-à-dire, soit qu'elle fasse voir les objets droits ou renversés.

65. L'ayant ainsi réduite à viser au même point, sans le plomb & avec le plomb, on tourne le niveau sens dessus dessous, le suspendant par la branche qui étoit en-bas, & attachant le plomb par l'autre, parce qu'il fait arrêter plus vîte le mouvement, & que d'ailleurs cela est avantageux pour ce qui reste à faire.

66. Que si alors le fil qui est dans la lunette donne au même point de l'objet que devant, l'on est assuré que le point est précisément dans le plan horisontal du centre du tuyau de la lunette, comme on le verra par la démonstration.

67. Mais si le fil ne donne pas au même point, on l'y réduira, en le haussant ou baissant, par le moyen de la vis qui est pour cela, en observant de la hausser, s'il

C

hauffe, & de la baiffer, s’il baiffe, en renverfant la lunette à chaque correction.

68. Après cela l’inftrument fera parfaitement rectifié, fans qu’il importe, ce qui eft fort confidérable, que le verre objectif, ni les oculaires foient bien centrés, ni rangés exactement en ligne droite, & l’on s’en fervira enfuite avec fureté, pourvû qu’il n’y arrive point de change- ment ; car le fil horifontal marquera par tout où l’on vifera l’endroit de l’objet qui eft dans le plan horifontal du centre de la lunette.

69. Mais quand il feroit arrivé quelques changemens, on peut le fçavoir à chaque obfervation que l’on fait, en vi- fant 1°. avec le plomb attaché, enfuite fans le plomb & puis en renverfant la lunette. Et c’eft en quoi confifte le principal avantage de ce niveau par-deffus les autres, parce qu’il empêche qu’on ne puiffe être trompé en s’en fervant.

70. Le pied pour fupporter la machine, eft une plaque ronde de fer ou de léton un peu concave, à laquelle font attachés par des charnieres trois bâtons d’environ trois pieds & demi. La boëte pofant fur cette plaque en trois points, fe peut tourner du côté que l’on veut, & la concavité fphe- rique donne moyen de la dreffer avec facilité, jufqu’à ce que le plomb ait fon mouvement libre dans fa boëte ; ce que l’on voit à travers l’ouverture M, faite au couvercle de bois. La pefanteur de ce plomb fert à tenir la boëte ferme fur le pied : mais on peut aifément l’affurer encore d’avan- tage, fi l’on veut, en faifant un trou au milieu de la plaque creufe.

71. Au lieu d’enfermer dans la boëte G. tout le poids, on peut y en mettre un tiers ou un quart feulement, & attacher le refte à la même queuë de fer, mais hors de la boëte. L’on obfervera alors, premierement avec le feul poids leger qui pend dans la boëte, puis avec l’autre ajoû- té par-deffus ; & en ajuftant le fil horifontal, on les y laiffe- ra tous deux ; par ce moyen les balancemens de la lunette

s'arrêteront promptement à toutes les opérations que l'on fera pour la rectification ; au lieu que n'attachant pas le poids du tout dans quelques-unes, ce mouvement cesse plus difficilement.

72. Le crochet F , auquel le niveau est suspendu, peut être simplement attaché à la croix plate de bois ; mais ici il est représenté attaché à une virole qui se hausse ou se baisse par le moyen d'une vis qui tient à l'anneau par lequel on porte la machine.

73. L'avantage qui se trouve en cela est qu'en transportant l'instrument, on peut lâcher les filets de la croix, en la faisant descendre jusques sur la fourchette & sur le petit bras courbé , & cela sans ouvrir l'étui de bois.

74. Pour empêcher que l'huile de la boëte G ne puisse se répandre, lorsqu'on porte le niveau en voyage, on peut boucher le trou de cette boëte par le poids même qu'elle enferme. On fera pour cela que le poids soit bien plat par-dessus, & on l'attirera contre le couvercle de la boëte par le moyen d'une virole a écrou S.

75. Le tuyau N représente en grand celui qui au-dedans de la lunette porte le fil horisontal. Il contient un ressort qui est attaché à la fourchette Q , à laquelle le fil de soye tient avec de la cire. Ce ressort tire la fourchette contre le morceau de léton T , dans lequel entre la vis qui répond au trou H de la lunette, par lequel trou l'on peut aussi tourner le tuyau N , pour faire que le fil devienne exactement horisontal, ce dont on juge en regardant par la lunette.

76. Si l m'est permis de porter mon jugement sur cet instrument, je dirai qu'il me paroît assez difficile d'attacher toutes les fois la croix & le poids avec tant de justesse que la ligne de direction du centre de gravité détermine toujours un même angle avec le centre du tuyau de la lunette , qui est censé déterminer chaque fois la ligne de nivellement par le rayon de visée qui en sort. Si l'on me dit que la pesanteur de la croix & du poids attaché déter-

Crochet auquel la croix est suspendue.

Jugement de l'Auteur au sujet du niveau de M. Huyghens.

C ij

minent naturellement cet angle ; à cela je répondrai que cela n'eſt pas prouvé , & qu'il me paroît aſſez difficile d'être ſur d'attacher toujours la croix & le poids avec aſſez de juſteſſe pour cela. Outre qu'il ne me ſemble pas fort aiſé à manœuvrer , ni à tranſporter par la campagne avec ſon huile dans tous les lieux où on en auroit beſoin. Je crois pourtant que c'eſt encore un des meilleurs de tous ceux qui ont été faits.

Deſcription du Niveau de M. DE LA HIRE.

Niveau de M.
de la Hire.

77. Ce niveau tire toute ſa juſteſſe de la ſuperficie de l'eau, que nous ſuppoſons également éloignée du centre de la terre, & il ne conſiſte que dans la maniere de faire nager ſur l'eau une lunette d'approche qui lui ſert de pinules comme aux autres niveaux.

Dans la premiere figure A R C , B E T , ſont deux vaſes quarrés de bois ou de fer blanc, larges de quatre pouces & demi environ , & hauts de huit pouces.

Pl. 2.
Fig. 1.

Le tuyau C D ſert de communication à ces deux vaſes, afin que l'eau puiſſe paſſer aiſément de l'un dans l'autre ; il doit avoir au moins un demi-pouce de diametre , & de longueur environ deux pieds & demi.

Le tuyau A B eſt attaché au haut des deux vaſes quarrés , & ſert de tuyau de lunette.

Le vaſe A R C eſt percé en R , vis-à-vis le tuyau A B , pour attacher en cet endroit un faux canon qui porte celui du verre oculaire , que l'on peut éloigner ou approcher ſuivant la néceſſité.

L'autre vaſe T B D eſt auſſi percé dans ſa partie T , vis-à-vis le tuyau A B , pour faire l'ouverture de la lunette.

On attache un petit plomb au milieu du tuyau A B , qui en battant ſur une marque faite au tuyau C D , fait voir quand les deux vaſes ſont à peu près de niveau, pour y pouvoir mettre l'eau à même hauteur.

On doit mettre ſur les deux vaſes une légere couverture que l'on puiſſe ôter facilement ; elle ſert pour empêcher

la lumiere de donner fur le verre objectif & fur les filets,
afin que la lunette faffe plus d’effet.

Il y a encore aux deux côtés de chaque vafe deux petites
lames de léton ou de fer blanc, dont nous ferons la defcription en parlant de leur ufage.

78. La deuxiéme figure repréfente une des deux boëtes
qui portent les pinules pour les faire nager fur l’eau; elles
doivent être faites de léton fort mince, pour pouvoir nager plus facilement, & ne s’enfoncer qu’autant qu’il fera
néceffaire, par le moyen du poids que l’on enferme au-
dedans.

Le corps de ces boëtes eft cylindrique, de deux pouces
& demi de hauteur environ, qui doit être auffi la grandeur
du diametre de fon cylindre; il doit être bien fermé d’un
couvercle par-deffus, & au-deffous il y a un chapiteau d’un
pouce de hauteur vers fa pointe E.

Le tuyau F G eft foudé au deffus de la boëte, il a de
hauteur deux pouces, & de largeur une pouce; la partie
fupérieure de ce tuyau eft ouverte des deux côtés jufqu’à
la hauteur d’un pouce, & dans chaque partie qui refte
au-dedans de l’ouverture, on attache une petite cou-
liffe qui fert à porter le chaffis de la pinule, qui ne doit y
entrer que jufqu’à une certaine profondeur où il doit
être arrêté.

L M eft un fil de léton prefque auffi long que la largeur
du vafe, & qui paffe dans le milieu de ce tuyau un peu
au-deffous de la pinule. Ce fil fert à entretenir la boëte &
la pinule lorfqu’elle nage fur l’eau, en forte qu’elle préfen-
te toujours fon ouverture à celle du tuyau de la lunette
A B, il gliffe entre deux petites aîles ou lames de fer blanc
ou léton, qui font attachées aux deux côtés de chaque
boëte, & qui font auffi longues & auffi proches l’une de
l’autre qu’il eft néceffaire pour empêcher que le fil de
léton qui tient au tuyau F G, ne vacille trop d’un côté ou
d’un autre.

Il y a une ouverture au couvercle des boëtes au-dedans

C iij

du tuyau F G pour y pouvoir mettre dedans une bale
de plomb, ou un peu de mercure, ce qui empêche que
les boëtes en flotant fur l'eau, ne puiffent pancher d'un
côté ou d'autre, & la quantité du mercure, ou la bale de
plomb doit être affez pefante pour faire enfoncer la boëte dans l'eau jufqu'à l'endroit du tuyau marqué I K, qui
eft demi-pouce environ au-deffus du couvercle de la boëte ; on doit refermer enfuite la boëte avec une petite platine de léton fort mince que l'on attache bien tout autour
avec de la cire molle.

Ces deux boëtes doivent être d'une figure fort égale
dans toutes leurs parties, & lorfqu'elles font chargées des
pinules & du plomb ou du mercure, elles doivent auffi pe-
fer également.

79. La troifiéme figure repréfente la pinule qui porte la
croifée des filets.

80. La quatriéme figure eft celle qui porte le verre objectif.

Chacune de ces pinules eft un petit chaffis qui entre dans
les couliffes qui font aux deux côtés de la partie fupérieure
du tuyau F G.

On met dans les vafes A R C, B D T, autant d'eau qu'il
eft néceffaire pour faire élever les boëtes qui portent les
pinules, en forte qu'elles répondent à l'ouverture du canon A B.

81. Ce niveau fe peut tranfporter aifément, en confer-
vant les boëtes & les pinules dans un étui, fans qu'il foit
befoin de le rectifier toutes les fois que l'on s'en fervira,
& même en le portant d'un lieu à un autre en nivellant ;
il ne faudra jamais laiffer les pinules dans les vafes où eft
l'eau, de crainte que dans l'ébranlement du chemin il n'entre quelque goutte d'eau dans les tuyaux qui portent les pinules, ce qui feroit que les boëtes entreroient davantage
dans l'eau, étant alors plus pefantes.

On pourra donner à cet inftrument tel pied qu'on jugera le plus à propos, ou en le pofant fur un petit banc pour

l'élever un peu de terre , ou en l'attachant contre une planche , & la posant sur le bas du chevalet, ou enfin en ajoûtant trois ou quatre bouts de tuyaux à charnières aux deux boëtes pour y ficher des bâtons de telle grandeur qu'on voudra , qui lui serviront de pied , comme on fait ordinairement aux demi-cercles dont on se sert en campagne pour lever des plans.

Description du Niveau de M. PICARD.

82. La représentation de cet instrument est de telle manière que l'on peut voir le dedans, comme si la partie qui se présente à la vûe, étoit ôtée ; ou bien comme si elle étoit de verre & que l'on pût voir au travers.

Pl. 2. Fig. 5. EFGH est un tuyau quarré qui sert pour la lunette , lequel on fait de quelque matiere solide & ferme, comme fer ou léton assez fort, en sorte qu'il ne puisse pas être facilement corrompu.

Tuyau quarré de la lunette.

EF est un petit chassis qui porte le verre objectif.

EG est un autre chassis qui porte deux filets de ver à soye très-déliés , qui s'entrecoupent au foyer de l'objectif.

Chassis qui portent les filets. Du verre objectif.

83. Le verre objectif & ces filets ainsi attachés ensemble dans le tuyau , servent de pinules pour le niveau.

Pl. 2. Fig. 5. Le petit tuyau D est celui qui contient le verre oculaire que l'on peut enfoncer ou retirer , selon la disposition de l'œil de celui qui observe , sans que pour cela il arrive aucun changement à la disposition du verre objectif & des filets.

Du verre oculaire.

La lunette est fortement attachée à angle droit avec le tuyau K , en sorte que l'on ne peut pas remuer l'un sans l'autre.

L & M sont deux arcs-boutans courbes qui servent à entretenir la lunette avec le tuyau , & pour incliner le niveau de côté & d'autre lorsqu'il est sur son pied.

84. AC est un cheveu qui est suspendu du point A , par

Du cheveu.

de perpendi-
cule.

une boucle que l'on fait à son extrémité, & cette boucle eſt paſſée ſur une aiguille qui eſt appuyée par ſa pointe con- **Pl. 2.** tre une piece de léton qui s'éleve du fond de la boëte ou **Fig. 6.** tuyau, afin que le cheveu ſoit en liberté de ſe mouvoir. Cette piece avec l'aiguille eſt repréſentée en particulier dans la figure 6.

Du plomb.

85. Au bout du cheveu pend un plomb C que l'on fait d'une groſſeur ſuffiſante pour qu'il puiſſe tenir le cheveu bien tendu, ſans qu'il puiſſe ſe rompre.

B eſt une platine d'argent enchaſſée à fleur ſur une piece de léton, qui eſt autant élevée ſur le fond de la boë-te que celle qui porte le centre au point A. Au milieu de

Du point
pris ſur la
platine.

cette platine il y a un point qui ſert pour déterminer le ni-veau apparent, comme nous dirons dans la ſuite pour la vé-rification du niveau.

86. Du point A pour centre d'où le cheveu eſt ſuſpendu, on décrit un arc de cercle qui paſſe par le centre de la pla- **Pl. 2.**

Du point
pris pour cen-
tre du per-
pendicule.

tine, & l'on y marque de côté & d'autre de petites diviſions **Fig. 5.** égales qui y déterminent les minutes de degrés, s'il eſt poſſible, ce qui ſert à montrer de combien de minutes un objet eſt plus ou moins élevé que le niveau apparent. Cela ſe doit ſeulement entendre juſqu'au nombre des minu-tes qui ſont marquées ſur la piece de léton.

Du verre ob-
jectif.

Le verre objectif doit être arrêté ſur le chaſſis E F, & ce chaſſis doit être immobile dans la boëte ou tuyau de la lunette.

[Des chaſſis
qui portent
les filets.

87. Le chaſſis G H qui porte les filets, doit être auſſi bien attaché au corps de la même boëte; quelquefois pourtant on fait un double chaſſis qui porte les filets, & qui gliſſe juſtement dans une couliſſe qui eſt au premier chaſ-ſis, & l'on attache un reſſort dans la partie inférieure de ce premier chaſſis qui pouſſe en haut le ſecond chaſſis qui **Pl. 2.** porte les filets, lequel repouſſe autant que l'on veut vers le **Fig. 7.** bas par le moyen d'une vis qui perce la boëte de la lunette dans la partie ſupérieure où eſt l'écrou, & qui force le reſ-ſort qui le ſoutient par-deſſus, comme la figure 7 le fait voir.

La

Pl. 2.
Fig. 5.

La queuë N eſt une verge de fer roide & aſſez forte
pour ne pas plier ; elle eſt attachée au long de la boëte de
perpendicule, en ſorte qu'elle peut ſeulement monter &
deſcendre en tombant juſqu'à terre, elle ſert pour arrêter
le niveau dans l'inclinaiſon où l'on veut le mettre.

88. Le pied ſur lequel on poſe cet inſtrument, eſt un chevalet comme les peintres s'en ſervent pour ſoutenir leurs
tableaux, on appuye ſeulement le niveau par les arcs-boutans ſur les chevilles du chevalet, en ſorte qu'il peut ſe
mouvoir ſur ces chevilles, & s'incliner de côté & d'autre.

Du pied qui
ſert à ſoute-
nir cet inſtru-
ment.

On peut aiſément ajouter à chaque pied du chevalet
un faux pied de fer en forme de verrouil, qui coule dans
ſes crampons au long du pied de bois que l'on peut arrêter à la longueur que l'on veut par le moyen d'une vis,
comme la figure 5 le montre aſſez clairement, ce qui eſt
d'une grande utilité pour allonger le pied du chevalet dans
les lieux raboteux & inégaux.

Pl. 2.
Fig. 5.

89. On ne détermine point la longueur de cet inſtrument ;
mais on doit ſeulement remarquer que plus il ſera grand
plus on obſervera avec juſteſſe.

90. Ceux dont nous nous ſervons ordinairement, ont la
lunette de trois pieds de longueur, & le perpendicule de
quatre pieds.

Quoique le tuyau de perpendicule ait communication
avec le tuyau de la lunette, & que ſon filet ou cheveu
paſſe au travers, cela n'y apporte pourtant aucun changement, étant imperceptible, parce qu'il eſt trop délié.

Deſcription d'un Niveau d'une nouvelle conſtruction.

91. Ce niveau eſt compoſé d'une croix de fer marquée
A, B, C, de cinq pieds de hauteur & de quatre pieds de largeur. Les côtés oppoſés de cette croix ſont parfaitement
égaux. Ils ont deux lignes d'épaiſſeur ſur un pouce de largeur, & pour que toute la croix ne ſoit pas ſi ſujette à ſe plier,
elle eſt encore renforcée par quatre arcs-boutans courbes &

Deſcription
du niveau
que j'ai fait
conſtruire
pour le nivel-
lement des ri-
vieres de Ha-
vel & de
Sprée.

Pl. 3.
Fig. 1.

D

renverſés qui la rendent plus ſolide , & ſervent à l'appuyer, comme la figure premiere le fait voir.

Des chaſſis
qui portent la
lunette.

92. Aux deux extrémités B C ſont attachés fortement deux chaſſis quarrés de cuivre ou de fer, pour être capables de plus de réſiſtance.   *Fig.* 1. & 2.

93. Ces chaſſis doivent porter une lunette de quatre pieds & demi de longueur ; voici comment.

94. Dans chacun des deux chaſſis ainſi attachés contre le fer, eſt enclavé un autre petit chaſſis qui ſe meut juſtement dans des couliſſes de haut en bas , & de bas en haut , & qui s'arrête par le moyen de quelques vis en haut & en bas , qui preſſent l'une contre l'autre. Ce ſecond chaſſis eſt percé en rond pour recevoir le tuyau de la lunette de chaque côté, ce tuyau eſt de forme cilyndrique ; mais comme il ne fait pas toute la longueur de la lunette , on y ajoûte la partie E B qui porte le verre objectif, & qui par la force de la vis , ſerre fortement le tuyau contre le chaſſis , afin qu'il ne ſoit pas ſujet à ſe déranger ni à ſe tourner.   *Pl.* 3. *Fig.* 3.

95. On y ajoûte auſſi le petit tuyau C F qui porte le verre oculaire, & qui s'enfonce dans le tuyau de la lunette, & s'en retire autant que l'exige la portée de la vûe de celui qui obſerve ; ainſi tout le corps de la lunetre eſt de quatre pieds neuf ou dix pouces, en trois pieces.   *Pl.* 3. *Fig.* 1.

Cheveux aux
foyers des
verres.

96. Aux foyers de l'un & de l'autre verre , qui deviennent le même lorſqu'ils ſont rapportés euſemble, ſont poſés deux cheveux en croix, les plus fins & les plus déliés qu'il eſt poſſible, & ils y ſont ainſi poſés par le moyen d'un anneau de cuivre, auquel ils ſont attachés.

97. Celui de ces cheveux qui eſt poſé horiſontalement, ſert avec le verre objectif de pinules pour viſer à l'objet qui paroîtra renverſé, parce qu'il n'y a que deux verres convexes ; mais comme il ne s'agit que d'obſerver diſtinctement un point ou une ligne, il importe fort peu que l'objet paroiſſe droit ou renverſé. Outre cela l'œil y eſt d'abord accoutumé, & la viſion plus claire qui en réſulte, fait qu'on préfere deux verres à quatre verres;

mais fi l’on vouloit voir tout dans fa fituation naturelle,
il n’y auroit qu’à ajoûter encore deux verres oculaires
convexes.

98. Les deux extrémités de la croix en haut & en bas,
comme la figure le montre, ont chacune une ouverture.
Pl. 3. Près de chaque ouverture font attachées les deux platines
Fig. 1. rondes de cuivre H G. Au-deffus de la premiere platine en
I, eft attaché un filet de perpendicule, au bout duquel eft
fufpendu un petit poids K d’environ une once & demie, ce
qui fait un rayon de quatre pieds & demi, dont le centre eft
marqué I fur le bord de la platine.

Pl. 3. 99. Ce perpendicule bat fur la platine H, & fon poids
Fig. 4. eft reçu dans l’ouverture au-deffous : outre cela il eft bien
couvert par une efpece d’auget de bois appliqué contre le
fer & parfaitement joint ; de forte que le cheveu de perpendicule a fon balancement libre, & qu’il ne peut être agité par
l’air extérieur.

Comment
le cheveu de
perpendicu-
le bat fur la
platine.

Pl. 3, 100. Il y a fur la platine quelques points marqués au
Fig. 1. choix de celui qui travaille, mais lorfqu’il s’eft arrêté à un de
ces points, & qu’il l’a fait exactement correfpondre avec
le cheveu de perpendicule pour fon premier coup de niveau, il doit pour le fecond coup, lorfqu’il aura tourné fon
inftrument, s’arrêter au même point, & le faire auffi exactement correfpondre avec le cheveu, afin que cela faffe ab-
folument avec la ligne de vifée un même angle quel qu’il
puiffe être, ce qui eft affez indifférent, dès qu’on eft bien
placé à égale diftance des termes dont on veut chercher
le niveau, comme il a été démontré au chapitre précedent.

Points mar-
qués fur la
platine.

101. Ainfi comme c’eft du parfait accord du point pris fur
la platine avec le cheveu de perpendicule que dépend
l’exactitude de l’opération, comme en étant la bafe, on ne
fçauroit prendre trop deprécautions pour faire la chofe avec
le plus de juftesse qu’il eft humainement poffible.

La juftefse de
l’opération
dépend du
parfaitaccord
du cheveu a-
vec le point
pris fur la pla-
tine.

Pl. 3. 102. Il feroit à propos que cette partie baffe qui décou-
Fig. 1. vre la platine & le poids de perpendicule, fût auffi couverte de quelque façon, afin d’ôter tout accès à l’air extérieur

D ij

qui pourroit encore mettre le petit poids en mouvement dans cette partie.

103. Pour cela je ne vois rien de mieux que d'y ajoûter une efpece de petite lanterne quarrée L M, avec trois verres bien nets & bien blancs, dont deux fur les côtés & un devant ; cette lanterne doit joindre parfaitement & s'attacher à cette partie baffe par deux vis fortes, de façon qu'on pourra l'ôter & la remettre comme on le jugera à propos.

Comment eft attaché le filet de perpendicule.

104. On attache le filet de perpendicule à un bout de leton B, qui étant paffé en forme de clef dans un trou fait à la croix au-deffus, & joignant la platine D, la déborde autant qu'il eft néceffaire pour que le filet ne faffe que l'effleurer. Ce morceau de léton eft de forme cilyndrique, comme la figure le montre. Il eft auffi percé d'un petit trou & un peu fendu par le bout. Le petit trou eft pour recevoir une épingle C, à laquelle tient le filet qui eft enfuite reçu dans la fente, pour être entretenu dans la même fituation par rapport au centre qui doit être toujours le même. Cette piece eft une des parties effentielles de l'inftrument.

Pl. 3.
Fig. 5.

Chevalet fur equel eft appuyée la croix.

105. Le chevalet N fur lequel eft appuyée la croix, a quatre pieds, & la foutient à environ quatre pieds & demi de hauteur. Aux deux têtes du chevalet font attachées trois bandes de fer O O affez fortes, & qui fortent de quelques pouces. Elles font percées en fix endroits chacune pour recevoir deux broches de fer P qui y doivent être paffées horifontalement, & foutenir la croix appuyée deffus par fes arcs-boutans.

Pl. 3.
Fig. 1.

106. Au lieu d'une quatriéme bande de fer qui devroit être pour foutenir la deuxiéme broche, on la fait foutenir par une pince Q, dont le bas étant fait en vis, fe hauffe ou fe baiffe infenfiblement par le moyen d'une petite virole R à écrou, ce qui rend l'inftrument beaucoup plus facile à manœuvrer, lorfqu'il s'agit de hauffer ou de baiffer la mire.

Pl. 3.
Fig. 1.

107. Tout le corps de la lunette, ainfi que les chaffis, fe

démonte , & tout se met dans une boëte de longueur convenable pour n'être sujet à aucun accident dans le tranf-
port. Le pied se plie auffi comme celui d'une table , de forte
qu'on peut monter & démonter l'inftrument comme on le
juge à propos.

108. Il eft auffi à remarquer que le cheveu qui eft au foyer
des verres ne change point ; mais que felon le cas , on doit
hauffer ou baiffer les extrémités de la lunette par le moyen
des chaffis qui la foutiennent.

Pl. 3.
Fig. 1. 109. Il n'y a intérieurement dans le tuyau de la lunette
qu'un verre objectif de quatre pieds & demi , & un oculaire
de deux pouces.

110. Telle eft la conftruction de ce niveau que j'ai fait
faire à l'imitation de celui de M. Picard , mais avec beaucoup de changemens , comme il eft aifé de le voir en
les comparant l'un avec l'autre ; ce que j'y ai ajoûté ou di-
minué , n'ayant été que pour le rendre plus commode dans
la pratique , & par conféquent plus exact dans les opérations ; ce font au refte les mêmes propriétés & les mêmes
démonftrations.

111. Les côtés oppofés de la croix de M. Picard ne font
pas égaux , celui qui defcend eft plus long que les autres ; En quoi ce
niveau diffé-
re de celui de
M. Picard.
par conféquent la platine fe trouve baffe , ce qui démande
plus de peine lorfqu'il s'agit d'examiner & de rapporter le
cheveu de perpendicule fur la platine.

112. Le chevalet fur lequel eft appuyé la croix de M.
Picard eft à trois pieds comme celui d'un Peintre , en quoi je
remarque un inconvénient qui eft que , lorfque j'ai vifé
d'un côté , & que j'ai tourné mon inftrument pour vifer de
l'autre , je me trouve , finon empêché , du moins affez incommodé , lorfque je veux examiner le filet de perpendicule du côté où fe trouve le troifiéme pied , quoiqu'on puiffe le
mettre un peu de côté.

113. Lorfqu'il s'agit de hauffer ou de baiffer la mire ,
M. Picard ne me dit pas la façon dont je dois le faire , fi
ce n'eft en portant la main fur quelque partie de la croix

pour la mouvoir sur les chevilles qui la soutiennent, jusqu'à ce que l'on voye que le filet de perpendicule corresponde parfaitement avec le point. Cette façon de manœuvrer, qui est pourtant celle dont je crois que Monsieur Picard s'est servi, entraîne après soi bien des difficultés, d'autant que cette manœuvre ne peut se faire que par petites secousses, & que la moindre petite chose est capable de déranger toutes les mesures que l'on auroit pû prendre auparavant; ainsi si Monsieur Picard a si bien réussi dans ses nivellemens, je crois que ce n'a été qu'avec de la peine, & du temps, puisqu'il ne marque pas qu'il se soit procuré aucune aisance.

114. La lunette au niveau de M. Picard est de trois pieds, ici elle est de quatre pieds & demi. Son cheveu de perpendicule est de quatre pieds, ici il est de quatre pieds & demi. Enfin, M. Picard avance qu'il peut répondre de deux pouces pour cinq cens verges, & moi je réponds d'un pouce, avec autant plus de certitude que j'en fais tous les jours la vérification à chaque coup de niveau que je donne.

Maniere de se servir de ce niveau.

Comment on doit se servir de ce niveau.

115. Après avoir marqué l'endroit où l'on doit se placer par rapport aux termes que l'on veut niveller, on y pose le chevalet que l'on calle bien, en faisant entrer les pointes de fer qui sont à chaque pied le plus avant dans la terre qu'il est possible. On passe ensuite les broches de fer dans les trous des bandes, comme il a été dit Nº 105, & après avoir bien ajusté le filet de perpendicule, on pose doucement la croix sur les broches qui doivent la soûtenir, & on y ajoûte la barre TX, par le moyen d'une charniere à boulon au point V de la croix. A l'extrémité de cette barre est attaché un poids de fer X, afin que par ce poids ce ne soit pas la barre qui obéisse à la croix, mais la croix qui obéisse à la barre, puisque c'est elle qui doit diriger son inclinaison.

116. Si la lunette n'est point encore montée, on la monte

alors, on l'ouvre & on met le cheveu qui est au foyer des
verres sur la ligne horisontale en tournant le petit tuyau C F
qui le porte.

117. Il est à supposer que celui qui travaille & qui doit observer, aura envoyé à chaque terme de son nivellement un
aide, qui doit être un homme intelligent, pour lui présenter une perche B C d'environ dix pieds de hauteur, qu'il doit
tenir toujours bien perpendiculaire & droite sur le terme.

Pl. 3. / Fig. 7.

118. A, est une planchette de bois léger qui doit se mouvoir justement de haut en bas, & de bas en haut, le long de la
perche, à laquelle elle est jointe par une enveloppe de fer
I qui est par derriere. Cette enveloppe est percée en écrou
afin de recevoir une clef F faite en vis, qui doit serrer fortement la planchette contre la perche, de sorte qu'elle ne puisse
pas être dérangée lorsqu'on aura fait signe de l'arrêter.

Pl. 3. / Fig. 6.

119. Chaque perche, comme la figure septiéme le fait voir,
est divisée en pieds, pouces & lignes, & la planchette qui
est d'un pied en quarré, est aussi divisée horisontalement en
deux parties égales, dont une sera tout-à-fait noire, & l'autre blanche. Le derriere de cette planchette doit être aussi
tout-à-fait noir.

120. Il est nécessaire pour la commodité de celui qui tient
la perche, qu'il ait attaché à sa planchette un bâton D E d'environ trois pieds de long, qui descende le long de la perche,
de façon que l'un & l'autre ne lui fasse qu'une poignée, afin
qu'il puisse aisément hausser ou baisser sa planchette d'un
bout à l'autre de sa perche.

Pl. 3. / Fig. 7.

121. Si la perche de dix pieds ne suffit pas, il pourra en
faire couler une seconde le long de la premiere.

122. Ainsi dès que tout sera bien disposé, alors celui qui
observe a trois choses à considérer dans le coup de niveau.

123. La premiere, de viser directement au terme.

124. La 2.ᵉ, que le filet de perpendicule batte tellement
sur la platine qu'il ne fasse que l'effleurer sans la toucher.

125. La 3.ᵐᵉ, de hausser ou baisser la mire autant qu'il
sera nécessaire, jusqu'à ce que l'on voie que le cheveu de

perpendicule batte avec une extrême précision sur le point de la platine qu'on aura choisi.

126. Pour remplir le premier objet, il n'y a rien de plus aisé, en pouffant avec le doigt une des broches sur laquelle la croix est appuyée.

127. Le second objet demande un peu plus de peine; il faut avancer & reculer la barre qui posera sur une planchette Z mise à terre le plus horisontalement qu'il sera possible, & cette planchette doit être couverte de quelqu'étoffe ou toile, afin que la barre ne puisse pas glisser trop aisément dessus. Cette barre bien manœuvrée, en dirigeant l'inclinaison de la croix, dirigera le filet de perpendicule pour lui faire effleurer la platine sans la toucher.

128. Le troisiéme objet se remplit aisément en hauffant ou baiffant un des côtés de la croix, par le moyen de la pince Q qui foûtient une des broches sur laquelle la croix est appuyée; ce qui fait hauffer ou baiffer la mire autant qu'on le juge néceffaire.

129. Dès que ces trois objets font parfaitement remplis, on regarde par la lunette, & soit par la voix ou par signes, on fait hauffer ou baiffer la planchette, jusqu'à ce que l'une ou l'autre de ses extrémités horisontales soit dans l'interfection du filet, qui sert alors de pinules. Et lorsqu'on voit que tout correspond parfaitement, on fait signe à l'aide de ferrer la clef & d'arrêter la planchette sur ce point, qui sera celui de visée.

Pl. 3.
Fig. 1.

Pl. 3.
Fig. 1.

L'opération
étant faite
pour le pre-
mier terme,
comment on
fera pour le
second.

130. Cette opération étant faite pour le premier terme, il faudra faire la même chose pour le second, en laissant le chevalet dans la même situation.

131. On commencera par détacher la barre TX, en ôtant le boulon de la charniere V, & on la posera contre le chevalet. Il faut ensuite prendre la croix au-dessous des arcs-boutans, la foulever & lui faire faire un demi-tour entre ses mains pour la repofer après sur les mêmes broches dont on l'aura levée. Et après avoir remis la barre comme elle étoit auparavant, le refte de l'opération se fera comme au premier

mier terme. Et ainſi de même toutes les fois qu’on ſera obligé de tourner & retourner la croix, pour la vérification par-
ticuliere de chaque coup de niveau dont nous parlerons enſuite.

132. Lorſque le terrein m’a été favorable, & que je n’ai pas
été incommodé par le vent, je n’ai gueres mis plus d’une
heure pour niveller deux termes de deux cens cinquante
verges de diſtance.

Qu’il ne faut pas plus d’une heure pour donner un coup de niveau de 250 verges.

Deſcription d’un ſecond Niveau auſſi d’une nouvelle conſtruction.

133. Ce ſecond niveau a les mêmes propriétés, & eſt fondé
ſur les mêmes principes que le précédent. Il ne s’agit que
de quelques changemens que j’y ai fait pour le rendre encore plus commode dans la pratique, comme on le verra
par cette deſcription.

134. Quoique je me ſois ſervi avec ſuccès du niveau dont
je viens de faire la deſcription & le détail, ainſi que du chevalet ſur lequel il eſt appuyé, & de la façon de le manœuvrer ; je me ſuis pourtant apperçu qu’il étoit incommode
d’être obligé de lever chaque fois cette croix de deſſus ſon
pied, pour la tourner & retourner tantôt d’un côté & tantôt d’un autre, comme auſſi de diriger par le tâtonnement
cette barre qui détermine l’inclinaiſon de la croix, & j’ai
jugé que pour remédier à ces inconvéniens, & approcher
de la perfection le plus qu’il eſt poſſible dans cette matiere,
je devois faire enſorte de faire tourner toute la machine ſur
ſur ſon centre, afin de pouvoir diriger la ligne de viſée de
tel côté que je voudrai, ſans pour cela rien changer dans
la diſpoſition. C’eſt pourquoi je voudrois au lieu d’un chevalet, l’appuyer ſur une eſpece de lanterne dont l’uſage ſoit
aiſé, & dont voici la deſcription.

Raiſons qui m’ont engagé à faire ce ſecond niveau & changemens que j’y ai fait.

135. Cette lanterne ſera compoſée de deux tablettes rondes
A, B, de bon bois, chacune de deux pieds de diametre ſur
trois quarts de pouce d’épaiſſeur, & percée de quatre trous,
dont un au centre, & les trois autres à égale diſtance vers

Deſcription de ce deuxié-me niveau & de la lanterne qui doit por-ter diamétra-lement la croix de fer.

Pl. 4.
Fig. 1.

E

la circonférence, comme la figure le fait voir.

136. Ces trois trous feront pour recevoir trois montans de bois C faits comme de petites colonnes d'environ 4 pieds & demi de hauteur ; obfervant que leur diametre foit d'un tiers plus petit en haut qu'en bas ; c'eft-à-dire qu'elles foient en bas de deux pouces, & en haut de feize lignes, comme la figure le fait voir.

137. Chacun de ces montans fera fait en vis par le gros bout B, pour y être reçu dans les trous de la premiere tablette qui feront en écrou, afin qu'ils y demeurent dreffés & fortement attachés pour recevoir enfuite la feconde tablette, en faifant paffer chacun de ces trois montans par les trois trous, de forte qu'elle viendra repofer à la hauteur de deux pieds au-deffus de la premiere tablette. On paffera en même-temps par deffus trois virolles F de bois, percées en écrou qui affûreront & ferreront fortement la feconde tablette, afin qu'elle ne foit pas fujette à s'ébranler.

138. Enfin, au haut de chaque montant, feront attachées trois bonnes fiches de fer X faites en vis qui recevront un cercle de bois du même diametre que les tablettes, & dont la bande fera de deux pouces de largeur fur neuf lignes d'épaiffeur.

139. Ce cercle fera fortement ferré par trois viroles r de fer, percées en écrou, pour y être paffées dans les trois fiches, de forte que le tout fera comme une lanterne folide qui pofera fur une efpece de chandelier triangulaire, dont les côtés auront deux pieds & demi de longueur fur deux pouces d'épaiffeur.

140. Du centre de ce chandelier triangulaire s'elevera une barre de fer ronde D de huit lignes de diametre, & d'environ deux pieds de hauteur, qui étant paffée par les trous du centre des tablettes, leur fervira d'axe, fur lequel on pourra les tourner & retourner de quelque côté que l'on voudra ; obfervant que ledit chandelier foit pofé fur le terrein le plus horifontalement qu'il fera poffible, & qu'il y foit bien affuré par trois pointes de fer mifes à fes trois

angles E , comme la figure le fait voir.

141. Mais afin que la premiere tablette qui sera comme la base , ne soit point sujette à un frotement de toute sa surface , il sera bon d'y attacher un cercle tout au tour, qui déborde d'environ $\frac{1}{4}$ ou $\frac{1}{2}$ pouce, afin qu'il n'y ait plus que la circonference qui soit sujette au frottement , & qui pour cet effet doit être bien unie & bien polie.

142. Telle est la construction de cette lanterne , dont l'usage est encore plus aisé que celui du chevalet, en ce qu'on peut la monter & démonter autant de fois que l'on veut pour la commodité du transport.

143. On voit aussi par le plan & la description de cette machine , qu'elle est assez solide pour recevoir diamétralement la croix que l'on posera dessus , à peu près de la même façon que sur le chevalet, c'est-à-dire sur des broches de fer I , passées horisontalement par les trous des bandes H aussi
Pl. 4. de fer, qui seront attachées sur la bande du cercle , & s'éle-
Fig. 1. veront à une certaine hauteur. Il sera aussi attaché sur la même bande une pince avec une virole G , comme au chevalet , qui servira de même pour hausser ou baisser la mire.

Pl. 3.
Fig. 1. 144. Il y aura de plus , que la barre T X , que j'ai dit dans la description du niveau précedent, devoir tomber jusqu'à terre pour diriger l'inclinaison de la croix , ne viendra
Pl. 4. plus que jusqu'à la bande du cercle en M , où elle sera di-
Fig. 1. rigée par une virole L , qui comme celle de la pince , servira à l'avancer ou à la reculer , & par ce moyen déterminera beaucoup plus aisément l'inclinaison de la croix par rapport au filet de perpendicule. Je dis beaucoup plus aisé-
Pl. 4. ment parce que cette barre étant par devant au lieu d'être
Fig. 2. par derriere , fera qu'en même-temps que l'œil observera , la main pourra agir & diriger.

145. Pour la croix & le filet de perpendicule, ils pourroient très-bien demeurer dans le même état , comme je l'ai dit dans la description précédente.

146. Cependant lorsque je ferai faire un second niveau , Des charge-

E ij

j'y ferai encore les changemens suivans.

147. 1°. Je retrancherai les ouvertures qui font à la croix de
fer, près des deux platines que j'attacherai prefqu'au bout
de la croix O, de forte que le poids de perpendicule P, qui
premierement étoit reçu dans une des ouvertures, tombera
un peu plus bas que le défaut de la croix, & fera reçu dans
la petite lanterne M, comme il a été dit.

Pl. 3.
Fig. 1.
Pl. 4.
Fig. 1.

148. 2°. La bande de la croix de haut en bas au lieu d'être
platte & unie fera ronde & creufe, de même que l'auget qui
fervira à la recouvrir, & cet auget y fera proprement joint
par deux charnieres V, de façon qu'il fera libre de l'ouvrir
& de la fermer, comme l'on voudra, pour y ajufter le filet
de perpendicule.

149. 3°. Je ferai les bras de la croix qui portent la lunette feulement d'un pied deux pouces de longueur de chaque côté,
comme en la figure premiere Q R; obfervant d'y faire les
chaffis forts & capables de réfiftance.

150. 4°. Le corps de la lunette qui eft de trois pieces dans
le premier, fera de quatre dans celui-ci; c'eft-à-dire, d'un
tuyau cylindrique d'environ deux pieds quatre pouces de
longueur qui paffera par les chaffis, & qui ne les débordera
qu'autant qu'il fera néceffaire pour recevoir deux autres
tuyaux R S, d'environ treize ou quatorze pouce, qui par la
force de la vis fe ferreront mutuellement les uns contre les
autres, pour ne faire qu'un corps de lunette, auquel fera
ajoûté un petit tuyau Y qui portera le verre oculaire, & qui,
comme dans la defcription précédente, fera enfoncé ou re-
tiré autant que l'exigera la portée de la vûe de celui qui ob-
ferve.

151. 5°. Pour bien examiner le cheveu de perpendicule,
il n'y aura à la petite lanterne N qu'un petit trou, afin qu'il
ne foit pas permis à l'œil de voir le cheveu en tous fens,
& dans ce petit trou fera enchaffé un verre convexe qui
fervira de microfcope, pour groffir, autant que l'on voudra,
le cheveu de perpendicule & le point; ce qui eft d'une
extréme importance pour les voir nettement, & pour la
grande exactitude requife en ce travail.

De la vérification du Niveau.

152. Je diftingue deux fortes de vérifications, celle du niveau & celle du nivellement.

153. La vérification du niveau, ou à proprement parler, la rectification, eft pour fçavoir de combien un inftrument hauffe ou baiffe la mire, afin d'op éreren conféquence, ou bien pour le corriger en lui faifant marquer le niveau apparent.

154. La vérification du nivellement eft pour fe rendre certain fi les coups de niveau ont été donnés juftes, & par conféquent fi l'on peut faire quelque fond fur le nivellement.

155. Lorfque M. Picard a avancé que la vérification du niveau par le renverfement eft la plus indépendante, il a raifon fans doute ; mais je ne vois pas comment il a pû l'exécuter avec fon niveau, puifque n'y ayant que d'un côté des arcs - boutans pour l'appuyer fur les chevilles, il me paroît, fi non impoffible, du moins extrémement difficile de le renverfer, le mettre à même hauteur, attacher avec fa cire exactement le filet de perpendicule, manœuvrer la barre qui dirige l'inclinaifon, mouvoir la croix fur les chevilles fans arcs-boutans, &c. Je ne crois pas non plus qu'il l'ait pratiqué. Mais avec les niveaux précedens, je puis le faire fans difficulté, parce que les côtés & les arcs-boutans oppofés font parfaitement égaux.

Rectification du Niveau par le renverfement.

156. Pour rectifier les niveaux ci-deffus propofés, par le renverfement, nous nommerons fimplement centre le point A d'où pend le filet de perpendicule, & centre de la platine le point B de la platine avec lequel on aura fait correfpondre le cheveu ; nous fuppoferons auffi une diftance de 150 verges comme C D.

157. Ayant posé le niveau en C , la hauteur de l'œil sera E ; Pl. 4. Fig. 4.
en visant de E en F on y fera marquer exactement le point
de visée F , & on observera avec une grande attention que
dans le moment que l'on vise le cheveu de perpendicule qui pend du centre , corresponde parfaitement avec le
point B.

158. Après cela on détachera le filet de perpendicule ,
& après avoir renversé l'instrument on le ratachera de nouveau au même bout de léton qui sera porté d'une extrémité de la croix à l'autre , & passé de même au-dessus de
la platine , comme il a été dit N. 104 , & on fera en sorte
qu'il passe bien exactement par le point de la platine
B , qui sera alors regardé comme simplement centre , &
ayant reposé la croix sur les mêmes broches , comme elle
étoit auparavant , on observera , en visant pour la seconde
fois vers le même objet , que le cheveu de perpendicule corresponde parfaitement avec le centre A de la nouvelle
platine , & si dans cette position le point de visée F se rencontre dans l'interfection des filets , c'est une marque évi-
dente que l'instrument est rectifié , & qu'il marque le niveau apparent.

Cas où le ni-
veau hausse-
roit ou baisse-
roit la mire.
159. Mais si l'instrument hausse ou baisse la mire , comme
on le propose en cet exemple hausser de 6 pouces par- Fig. 5.
dessus le niveau apparent pour 150 verges , alors en ren-
versant l'instrument de la même façon que dans l'exemple précedent , & observant que les deux centres soient
toujours à plomb , c'est-à-dire que le filet de perpendicule passe par le premier & batte exactement sur le deuxiéme ,
alors , dis-je , l'instrument baissera nécessairement cette seconde fois d'autant qu'il avoit haussé la premiere , c'est-à-
dire que s'il a haussé de F en G de six pouces , il baissera après
le renversement de F en H de six pouces aussi ; ainsi la diftance G H fera de douze pouces. Si l'on partage cette diftance en deux parties égales , comme ici au point F , & qu'en
haussant le bout de la lunette par le moyen des chassis , on y
fasse correspondre l'interfection du filet , laissant battre le

cheveu de perpendicule toujours exactement sur le même centre de la platine, l'instrument sera rectifié & marquera le niveau apparent.

160. On pourroit aussi le rectifier en changeant un des deux centres ; car si dans la même position où la mire aura baissé de 12 pouces au-dessus du premier point de visée, on la hausse des mêmes 12 pouces, de façon que l'intersection des filets corresponde exactement avec le premier point de visée ; alors le filet du perpendicule ne battra plus sur le même centre de la platine ; mais pour l'y faire battre, il faudra faire un autre centre, comme du point *a*, ce qui sera aisé en tournant le bout de léton qui porte le filet, jusqu'à ce que l'on voye que le cheveu batte exactement sur le centre B de la platine. Et comme il s'agit alors de marquer un nouveau centre, il faudra pour cet effet prendre la moitié de la distance entre le centre A que l'on aura laissé, & celui *a* à côté, en marquant au milieu exactement un point *d*. Ce point deviendra alors le centre de la nouvelle platine, tellement que si l'on renverse l'instrument pour la troisiéme fois, & si l'on fait toujours pendre le filet de son même premier centre, en le faisant correspondre parfaitement avec le nouveau centre D, la ligne de nivellement marquera le niveau apparent, & l'instrument sera rectifié ; on pourroit de la même façon changer le premier centre au lieu de changer celui de la platine. Mais cette maniere de rectifier est plus propre pour la théorie que pour la pratique ; car il est bien difficile de faire toutes ces divisions avec la grande justesse qu'elles exigeroient.

161. Outre cette façon de vérifier un instrument par le renversement, nous en proposerons encore deux autres, dont voici l'explication.

Seconde façon de rectifier un instrument.

162. Nous supposerons qu'on aura pris au bord de quelqu'étang ou de quelqu'eau claire qui ne seroit point du

Pl. 4.
Fig. 5.

Fig. 6.

Maniere de changer les centres des platines.

Façon de rectifier un instrument sur les bords d'un étang ou de quelqu'eau tranquille.

tout en mouvement, une diftance de 150 verges, &
que l'on aura fait frapper à chaque terme les piquets A, B
à fleur d'eau. Si l'on place l'inftrument en A, de façon
que la hauteur de l'œil foit en C, à 4 pieds & demi au-deffus de la tête du piquet; fi l'on éleve fur l'autre piquet B
une perche fur laquelle on aura fait une marque auffi à quatre pieds & demi, comme D; & fi après cela, en vifant d'un
terme à l'autre, le rayon de vifée fe rencontre avec la marque D, ce fera figne que l'inftrument marquera le vrai niveau
pour cette diftance. Mais fi ce même rayon de vifée donnoit
un pouce au-deffus comme en E, ce feroit une marque que
l'inftrument feroit rectifié pour marquer le niveau apparent. Si le rayon de vifée donnoit par exemple en F,
6 pouces au-deffus de D, il faudroit alors baiffer la mire de
5 pouces pour lui faire marquer le niveau apparent. Enfin fi le rayon de vifée marquoit 6 pouces au-deffous en G,
il faudroit élever la mire de 7 pouces, c'eft-à-dire de 6 pour
les 6 pouces qu'elle marqueroit plus bas que le vrai niveau, & d'un pouce pour lui faire marquer le niveau apparent, puifque le hauffement du niveau pour 150 verges
eft d'un pouce.

Troifiéme façon de vérifier un inftrument.

163. Cette troifiéme façon ne differe de la précedente
qu'en ce que dans l'une, les deux points de niveau qui doivent fervir pour la rectification de l'inftrument, fe trouvent
naturellement marqués par la furface de l'eau fur laquelle
on fe feroit élevé de quatre pieds & demi à chaque terme;
au lieu que dans l'autre il s'agiroit de chercher premierement deux points de niveau, comme il fe verra par l'explication fuivante. Nous fuppoferons pour cette troifiéme façon de rectifier un inftrument, comme pour les deux premieres, une diftance de 150 verges. Et ayant placé l'inftrument en A au milieu & à égale diftance des deux termes
B, C, on en fera d'abord le nivellement, comme il a été dit
au

au chapitre premier sans rectification de niveau, & l'on marquera exactement sur les deux perches de côté & d'autre, les deux points qui auront été trouvés de niveau, comme D, L. Ensuite transportant l'instrument en C, on mettra autant qu'il sera possible le point de l'œil au point L, ou bien on y marquera exactement de combien il se trouvera au-dessus ou au-dessous. Si le point de l'œil est rapporté en L, & qu'en visant de l'autre côté, le point D se trouve dans l'intersection des filets, ce sera une preuve que l'instrument marquera le vrai niveau pour cette distance, & alors pour lui faire marquer le niveau apparent, il faudra hausser le bout de la lunette, par le moyen des chassis, jusqu'à ce que le point de visée soit un pouce au-dessus, qui sera le haussement requis pour que l'instrument soit rectifié & qu'il marque le niveau apparent.

164. Mais si le point de visée se trouvoit plus haut, comme par exemple de quatorze pouces, en G, ce seroit une marque que l'instrument hausseroit de treize pouces, & par conséquent il faudroit s'abbaisser de treize pouces pour marquer le niveau apparent.

165. Si la ligne de visée, au lieu de marquer au-dessus du point D, marquoit au-dessous à la distance aussi de quatorze pouces, en H, ce seroit une marque que l'instrument baisseroit de quinze pouces au-dessous du niveau apparent, & par conséquent pour le rectifier, il faudroit se relever de ces quinze pouces, ou ce qui est le même d'un pouce au-dessus de D.

166. Si par rapport au terrein, l'instrument ne pouvoit être rapporté en L, mais seulement en I au-dessus, ou en K au-dessous, alors il faudroit marquer également au-dessus & au-dessous de D, comme en E & en F; les lignes tirées d'un point à l'autre seroient parallèles, & par ce moyen les mêmes observations se feroient de la même façon que s'il étoit rapporté en L.

167. Ces deux dernières façons de rectifier un instrument, sont, selon moi, les meilleures & les plus commodes de toutes.

F

Cas où les
deux termes
ne pourroient
être de ni-
veau.

168. Mais s'il arrivoit que les deux termes ne pussent
être de niveau, il faudroit alors niveller réciproquement
d'un terme à l'autre, & voir de combien la somme des deux
points de visée seroit plus grande que celle des hauteurs
de l'œil ; par exemple, si pour une distance de 150 verges,
la somme des points de visée au-dessus des termes ne surpassoit celle des hauteurs de l'œil que de deux pouces, ce
seroit une preuve que l'instrument marqueroit le niveau apparent. Si elle surpassoit de six pouces, alors laissant deux pouces pour le haussement & prenant la moitié du reste, ce seroit donc deux pouces dont la mire hausseroit au-dessus du
niveau apparent. Enfin, si la somme des points de visée
étoit de six pouces moindre que celle des hauteurs de l'œil,
il faudroit prendre la moitié de ces six pouces qui est trois,
& y ajoûter deux pouces pour le haussement, ce qui feroit
cinq pouces, dont la mire marqueroit plus bas que le niveau apparent. Ainsi connoissant de combien un instrument
hausse ou baisse la mire, il ne s'agiroit que de s'abbaisser ou
de s'élever d'autant avant que de quitter la station.

De la vérification du Nivellement.

Conséquen-
ces de cette
vérification.

169. Cette vérification dépend en partie de la certitude
que l'on peut avoir de la justesse de son niveau , & de la
façon de le manœuvrer. Mais comme cette matiere est si
abstraite, que quand bien même on seroit sûr par les dé-
monstrations les plus convaincantes que le nivellement est
bon, si l'on a pris pour le faire toutes les précautions requi-
ses ; il reste cependant toûjours quelque inquiétude dans
l'esprit de celui qui travaille, sur-tout lorsqu'il y a une distance considérable entre les deux termes extrêmes de son
nivellement.

La façon de
vérifier un ni-
vellement en
le recommen-
çant est défec-
tueuse.

170. Quelques Ingenieurs, pour acquérir la certitude de
la bonté de leur travail, l'ont recommencé plusieurs fois :
mais je ne trouve pas cette vérification bien sûre ; car s'il se
trouve de la différence toutes les fois qu'on le recommence,

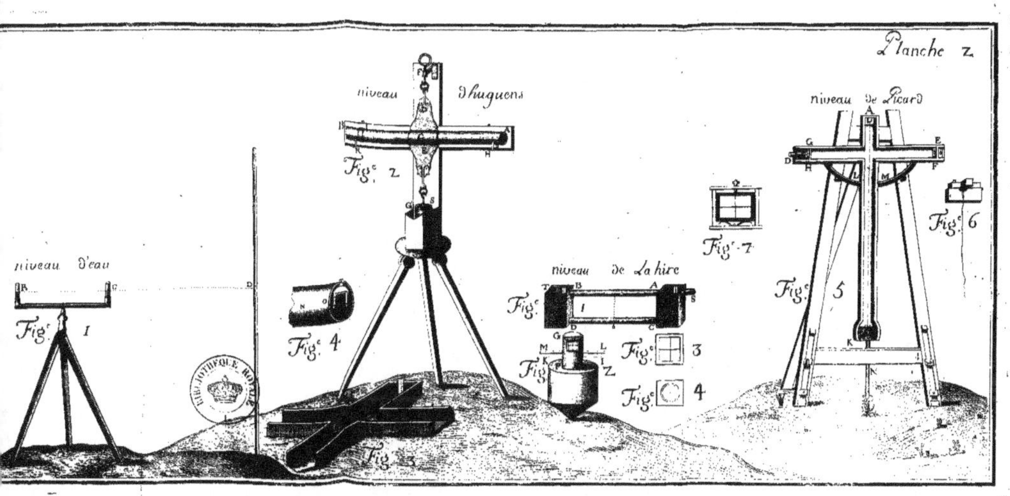
Planche Z
niveau D'huguens
Fig. 2
niveau D'eau
Fig. 1
Fig. 4
Fig. 3
niveau de La hire
Fig. 3
Fig. 4
Fig. 7
niveau de Picard
Fig. 6
Fig. 5
BIBLIOTHEQUE ROYALE

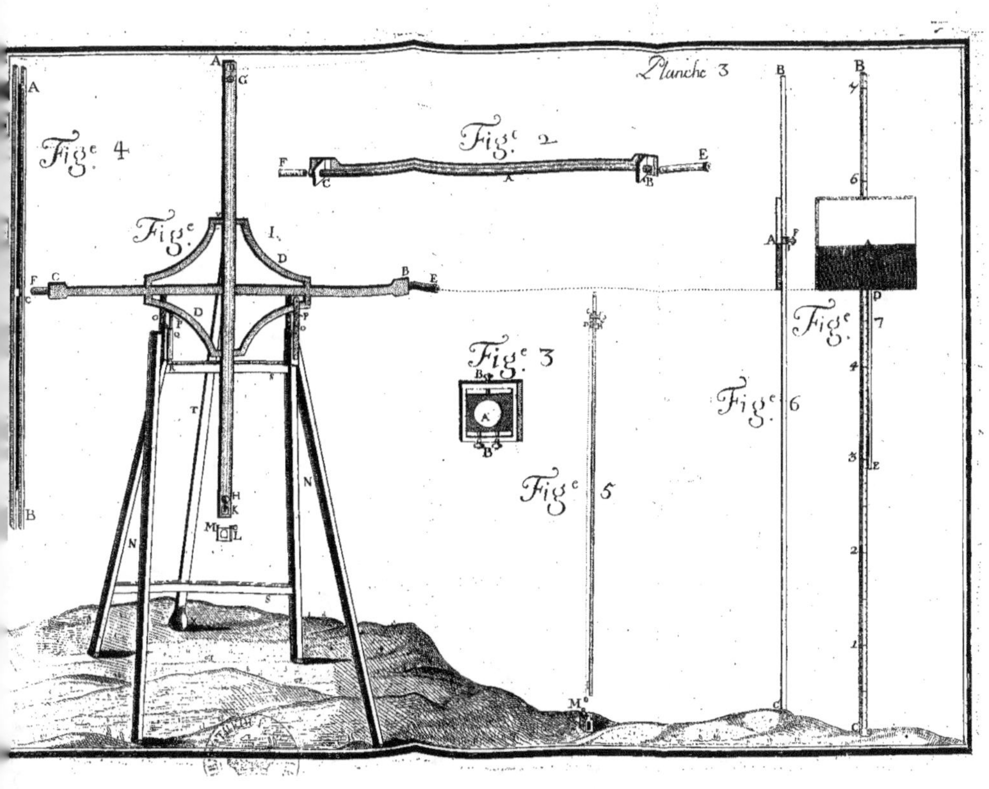
Planche 3
Fig. 4
Fig. 2
Fig. 1.
Fig. 3
Fig. 5
Fig. 6
Fig. 7

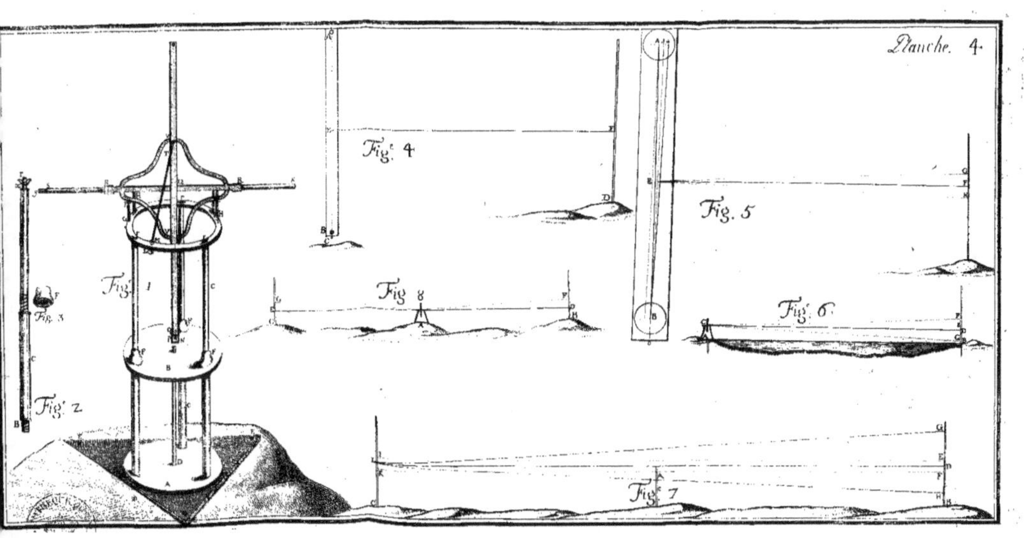
Planche. 4.
Fig. 4
Fig. 5
Fig. 6
Fig. 7
Fig. 1
Fig. 2
Fig. 3

on ne peut guere ſçavoir dans lequel du premier, du ſecond ou du troiſiéme nivellement, on aura manqué ; ſi ce n’eſt qu’on prenne ceux qui ſe rapportent le mieux, & alors ce ſeroit toûjours un ouvrage ſans certitude & ſans fin.

171. Pour moi, dans le grand nivellement que j’ai fait des rivieres de Havel & de Sprée, de tous les coups de niveau que j’ai donné, j’en ai fait la vérification dans le moment même, & ſans changer de ſtation de la façon la plus aiſée. Voici comment.

Pl. 4.
Fig. 8.
172. Suppoſons deux termes B, C, à la diſtance de 250 verges ; l’inſtrument en A, à égale diſtance des termes. En viſant vers le premier, je fais marquer le point de viſée D ; enſuite en retournant l’inſtrument, je fais marquer au ſecond terme le ſecond point de viſée E ; ces deux points ſont de niveau, comme il a été démontré. Mais afin que je ſois ſûr que le niveau n’a point été dérangé, je le retourne pour la troiſiéme fois, pour viſer derechef vers le premier terme. Et ſi l’inſtrument n’a point été dérangé , le premier point de viſée déja marqué D, doit ſe trouver dans l’interſection des filets.

173. Enfin, pour la vérification encore plus convaincante, laiſſant l’inſtrument dans la même poſition, ſans le tourner, je hauſſe la mire juſqu’à ce que le cheveu de perpendicule batte exactement ſur un autre point de la platine à côté du centre, ce qui fera que le point de viſée au terme B, ſe trouvera, par exemple F, de huit pouces plus haut que le premier point D. Enfin , en tournant l’inſtrument pour la quatriéme fois, & viſant vers le ſecond terme le point de viſée G, doit ſe trouver autant au-deſſus du premier point E, que F l’eſt au-deſſus de D, c’eſt-à-dire, qu’il y aura également de chaque côté huit pouces de différence, & ſi cela ne ſe rencontre pas juſte, il faudra alors redonner le coup de niveau, juſqu’à ce qu’il ne reſte aucun doute ſur la juſteſſe du coup. Il faut ajoûter auſſi qu’il eſt d’une extrême importance, de marquer exactement les hauteurs, puiſque l’erreur d’un ſeul chiffre ſeroit capable de déranger tou

Façon de vérifier en changeant de point ſur la platine.

Combien cette façon de vérifier m’a procuré cette tranquillité d’eſprit ſi néceſſaire dans ces ſortes d’ouvrages.

te la suite d'un grand nivellement, comme nous le verrons
dans le Chapitre suivant.

CHAPITRE III.

De la pratique du Nivellement.

Des instrumens dont on doit être muni pour niveller.

174. NOUS supposerons pour la pratique du nivellement, que celui qui en sera chargé sera muni de
tout ce qui est nécessaire, comme d'un bon niveau; de trois
perches de dix pieds de longueur chacune, & exactement
divisées en pieds, pouces & lignes; d'une chaîne de dix
verges pour mesurer les distances; des instrumens ordinai-
res, comme boussole, astrolabe, planchette, &c. pour lever
la situation du terrein par où se doit faire le nivellement;
afin par ce moyen, de marcher le plus directement qu'il sera
possible du premier au dernier terme du nivellement : de
deux aides intelligens; enfin de tout ce qui peut contribuer
à l'exactitude du travail, pour lequel on ne sçauroit prendre
trop de précaution. Nous distinguons deux sortes de nivellement, le simple & le composé.

Du Nivellement simple.

175. On appelle nivellement simple, quand on nivelle
deux termes d'une seule station, soit qu'elle soit entre les
deux termes, soit qu'elle soit à l'un des deux.

176. Nous avons dit dans le Chapitre premier, les différentes méthodes pour marquer deux points de niveau ; il
s'agit à présent d'expliquer la maniere de comparer avec
lesdits points de niveau, les autres points qui marquent
les termes du nivellement, pour connoître leur hauteur
réciproque ; par exemple, A, B, sont les deux termes
du nivellement ; C, D, sont les deux points de niveau ;

PL. 5.
Fig. 1.

ſi on meſure la diſtance de A en C, & qu'elle ſoit de
6 pieds , on marquera ſur des tablettes ,   Pieds. Pouc. Lig.
ou ſur un livret fait exprès pour cela , ——— 6 —— 0 —— 0
ſi enſuite on meſure la diſtance B , D &
qu'elle ſoit de 9 pieds, on écrira ———— ——— 9 —— 0 —— 0
ſi l'on ſouſtrait 6 de 9 , il reſtera ——— ——— 3 —— 0 —— 0
dont B deuxiéme terme eſt plus bas que
A premier terme.

177. Dans ce premier exemple , les termes du nivellement ſont au-deſſous de la ligne & des points du niveau ,
comme il arrive ordinairement : mais s'il arrivoit qu'ils ſe
trouvaſſent au-deſſus, comme en cet exemple , où A , B ſont
les termes du nivellement, & C, D ſont les points de niveau :
alors meſurant la diſtance A C de ſix pieds , & la diſtance
B D de 9 pieds , on écrira 6 —— 0 —— 0 & deſſous 9 —— 0 —— 0.
Enſuite faiſant la ſouſtraction , 6 de 9 ,   6 —— 0 —— 0
il reſtera trois pieds dont B deuxiéme   9 —— 0 —— 0
terme ſera plus élevé que A premier   3 —— 0 —— 0
terme.

178. Par où l'on peut voir , que lorſque les termes du
nivellement ſont au-deſſus de la ligne de niveau , ceux qui
en ſont les plus près ſont auſſi le plus près du centre de la
terre , & par conſéquent les plus bas , & qu'au contraire
lorſque les termes du nivellement ſont au-deſſous de la ligne du niveau , ceux qui en approchent le plus ſont les
plus éloignés du centre de la terre , & par conſéquent les
plus élevés.

179. Enfin , ſi l'un des termes ſe trouvoit au-deſſus de la
ligne de niveau , & l'autre au-deſſous comme en cet exemple, où B eſt trois pieds au-deſſus & A neuf pieds au-deſſous ;
alors au lieu de ſouſtraire , il faut additionner les deux ſom-
mes enſemble , & il ſe trouvera douze pieds , dont A premier terme ſera plus bas que B ſecond terme.

180. Cette façon de marquer & de calculer ſe pratique
également pour le nivellement compoſé , comme pour le
ſimple ; faiſant attention cependant que dans le nivelle-

ment compofé, il faut le faire avec le plus grand ordre &
la plus grande exactitude qu'il eft poffible, parce que le
moindre manquement feroit quelquefois capable de tout
gâter fans peut-être pouvoir y revenir, à moins qu'on ne
recommence tout l'ouvrage.

Du Nivellement compofé.

181. Le nivellement compofé, à proprement parler, n'eft
autre chofe qu'un affemblage de plufieurs nivellemens fim-
ples relatifs l'un avec l'autre. Mais afin de rendre la chofe
avec plus de précifion & de netteté, nous propoferons un
nivellement à faire, & pour termes extrêmes du nivellement, les deux points A, N, pris fur les deux rivieres de
de Zôme & de Belânn, defquelles on voudroit connoître
la hauteur réciproque, pour quelque raifon que ce puiffe
être.

Pl. 5.
Plan &
Fig. 4.

Ce qui doit précéder un nivellement.

182. Pour cet effet, celui qui fera chargé du travail,
choifira un temps calme, & où les eaux ne font pas fujettes
à de grands changemens, pour faire frapper en même-
temps, à l'un & à l'autre terme, deux piquets à fleur d'eau,
lefquels une fois mis, ne doivent plus être changés, fous
quelque prétexte que ce puiffe être, & quoiqu'il puiffe arriver de l'une ou de l'autre part, par rapport à la crue ou à la
diminution des eaux ; car alors il ne s'agira plus que de connoître de combien la tête d'un des piquets eft plus ou moins
élevée que celle de l'autre piquet, ce qui déterminera la
hauteur réciproque de deux rivieres prifes aux termes marqués.

Examen du terrein.

183. Il doit enfuite examiner le terrein entre les deux
rivieres & en faire un plan exact, qui lui fervira de regle
pour le chemin & la conduite qu'il doit tenir dans fon nivellement.

184. Il aura donc remarqué que le chemin le plus court
pour marcher de A en N, eft par la ligne ponctuée A C,
H N, & en conféquence il diftribuera fon terrein, pour dé-

terminer la quantité de stations qu'il doit faire pour marcher de A en N, comme ici 12, les unes de plus d'étendue que les autres, selon l'exigence des cas & du terrein.

185. Il fera frapper à chaque terme, comme A, B, C, D, E, F, &c. des piquets d'un pied & demi de long si le terrein est ferme, & de deux pieds & demi si le terrein est mouvant ou sabloneux : lesquels piquets ne déborderont la surface de la terre que de deux ou trois pouces, afin qu'on ne puisse pas les arracher aisément, & qu'on puisse toûjours les retrouver en cas de quelque accident qui pourroit arriver dans la suite d'un nivellement.

Comment on doit marquer avec des piquets chaque terme du nivellement.

186. Il marquera aussi avec des piquets frappés à un pied de terre, les endroits où devront être les stations, comme en 1, 2, 3, 4, 5, &c. Et ayant partagé une feuille de son livret en cinq colonnes, il commencera alors à niveller.

187. Sa premiere station sera 1 à égale distance des deux termes A, B, il y placera son instrument. La distance d'un terme à l'autre étant de 166 verges, la ligne de nivellement sera par conséquent de chaque côté de 83 verges.

188. Il écrira donc dans la premiere colomne de son Livre, le premier terme A, dans la seconde, la quantité de pieds, de pouces & de lignes, dont le point de visée *a*, qui est celui de niveau marqué par l'interfection des filets sur la perche, sera plus élevé que le terme A comme ici de 7—6—0.

Pl. 5. profil & Fig. 5.

Maniere d'écrire les termes, hauteurs & distances en cinq colomnes.

1er. Terme.	Hauteur.	2e. Terme.	Hauteur	Distance.
A	7 — 6 — 0	B	6 — 0 — 0	166 Verges
B	4 — 6 — 0	C	5 — 6 — 2	250
C	12 — 8 — 6	D	8 — 4 — 0	240
D	0 — 0 — 0	E	4 — 1 — 0	240
E	6 — 10 — 0	F	2 — 11 — 0	250
F	7 — 0 — 4	G	4 — 8 — 0	300
G	7 — 7 — 6	H	10 — 0 — 0	250
H	4 — 6 — 4	I	8 — 10 — 0	110
I	6 — 3 — 0	K	10 — 0 — 0	130
K	6 — 4 — 3	L	5 — 8 — 0	250
L	7 — 0 — 0	M	8 — 4 — 3	250
M	6 — 5 — 0	N	7 — 10 — 0	250
	76 — 9 — 7		81 — 2 — 5	2686

$$81 — 2 — 5$$
$$76 — 9 — 7$$
$$5 — 4 — 6$$

Dans la troisiéme colomne, il marquera le second terme B, & dans la quatriéme, la quantité de pieds, de pouces, &c. dont le point de visée *b*, sera plus élevé que le terme B, comme ici 6 — o — o. Enfin dans la cinquiéme colonne, la distance d'un terme à l'autre, comme ici de 166 verges.

189. Pour le second coup de niveau, il transportera son instrument au point marqué 2, pour la seconde station, aussi à égale distance des deux points B & C, qui seront les deux termes de son coup de niveau; observant que B qui étoit le second terme dans la premiere opération, deviendra premier terme dans celle-ci. Ainsi il écrira comme auparavant, dans la premiere colomne B, dans la deuxiéme 4 — 6 — o, dans la troisiéme le deuxiéme terme C, dans la quatriéme 5 — 6 — 2, dont le point de visée *d* pour le second terme C aura été plus haut que ledit terme; enfin dans la cinquiéme colomne 250 verges pour la distance d'un terme à l'autre.

190. Pour le troisiéme coup de niveau, comme par rapport à l'inégalité du terrein, il ne lui sera pas possible de placer son instrument à égale distance des termes, il doit, après avoir marqué l'endroit qu'il aura trouvé le plus commode pour sa station, comme ici en 3, noter exactement de combien il sera éloigné de chaque terme, comme en cet exemple, de 3 en C, de 160 verges, de 3 en D, de 80 verges; le reste se fera comme dans les stations précedentes.

191. Pour le quatriéme coup de niveau, il doit être donné relativement au troisiéme, c'est-à-dire qu'il faudra marquer une distance de 80 verges, du premier terme D jusqu'au point de la station 4, & une distance de 160 verges du point de la même station 4 jusqu'au deuxiéme terme E, ce qu'il faut faire avec une extrême attention. Car, comme nous ne supposons pas dans ce nivellement que l'instrument soit rectifié, il faut que l'erreur causée dans le premier coup de niveau, par l'inégalité des distances, soit récompensée par une erreur pareille dans le deuxiéme coup, & causée par la même inégalité.

192. Cela est vrai: car si nous supposons que la mire
hausse

Pl. 5.
Plan &
Fig. 4.

Pl. 5.
Fig. 4.

Cas où il n'est pas absolument nécessaire d'être placé au milieu & à égale distance des deux termes.

Raison du cas précedent.

hauffe de deux pouces pour 80 verges , elle hauffera de quatre pouces pour 160 verges ; ce fera donc une erreur de 2
pouces , qui feront de trop dans la premiere colomne ; fi enfuite dans la deuxiéme colomne , pour le coup de niveau fuivant , il fe trouve la même erreur de deux pouces auffi de
trop , il s'enfuivra qu'une erreur étant fouftraite de l'autre ,
il reftera o.

193. J'ai été bien aife de faire cette remarque , car je me
fuis trouvé dans le cas , après avoir donné un bon coup
de niveau à une certaine diftance , de ne pouvoir plus faire la même chofe à une diftance pareille de l'autre côté ,
par rapport à quelques éminences , ou tels autres inconvéniens que fouvent on ne prévoit pas en commençant
à niveller ; ce qui m'a fait obferver qu'il n'étoit pas abfo-
lument néceffaire d'être placé à égale diftance des deux termes , dès qu'on pouvoit en faire la compenfation par un
fecond nivellement relatif au premier.

194. Je pourrois pouffer cette propofition encore plus
loin , mais alors la chofe deviendroit trop compofée.

195. Pour les huit autres ftations qui reftent , on opérera
comme pour ces quatre premieres , en obfervant que tout
foit exactement noté dans chaque colomne , comme dans
l'exemple ci-deffus N°. 188 , & dès qu'on fera parvenu au
dernier terme extrême N par lequel on doit finir , alors on
additionnera les fommes de chaque colomne , comme
dans le même exemple ;
après quoi , fi l'on fouftrait
le produit de la premiere
colomne de celui de la
2e , il reftera 5 — 4 — 6 ,
dont le terme N aura été
trouvé plus bas que le ter-
me A , qui eft ce que l'on s'eft propofé de connoître par
ce nivellement. Il en fera de même d'un nivellement
de quelque étendue que ce puiffe être , comme de celui-ci.

$$76 - 9 - 7 = 82 - 2 - 5$$

$$\begin{array}{c} 82 - 2 - 5 \\ \hline 76 - 9 - 7 \\ \hline \hline 5 - 4 - 6 \\ \hline \end{array}$$

Pl. 5.
Plan &
Fig. 4.

Conclufion
de ce nivel-
lement.

Table
N. 188.

G

Du profil d'un Nivellement.

Du profil général d'un nivellement. 196. Le nivellement étant fait, il s'agit à préfent d'en faire le profil. Pour cet effet on tirera, foit en haut, foit en bas du plan, une ligne droite comme en cet exemple la ligne ponctuée O que l'on prendra pour la ligne de niveau. De tous les points, foit des ftations, foit des termes marqués fur le plan, on élevera autant de perpendiculaires fur cette ligne, dont les unes marqueront les perches droites fur chaque terme, & les autres la pofition de l'inftrument à chaque ftation.

Pl. ꞩ. profil & Fig. ꞩ.

Maniere de tracer le profil. 197. Ainfi commençant par le premier terme A par où paffe la premiere perpendiculaire, on marquera fur la perche qui eft élevée fur ce terme A, un point a, à la hauteur de 7 — 6 — o, qui eft la différence du point de niveau & du terme A. Du point a on menera une ligne parallele à la ligne ponctuée O de niveau, qui coupera la troifiéme perpendiculaire au point b fur la deuxiéme perche. De ce point b on s'abaiffera de 6 pieds, jufqu'en B, qui marquera le deuxiéme terme de ce premier nivellement : ainfi on verra que le terrein au terme B, fera de 1 — 6 — o plus haut que le premier terme A.

198. Au milieu des deux termes fera pofé l'inftrument à la hauteur de la ligne de niveau, & le terrein entre deux tracé felon fes différentes hauteurs.

199. Enfuite on marquera fur la même deuxiéme perche la hauteur du point de niveau pour la feconde ftation, au-deffus du terme B de 4 — 6 — o comme ici au point c, & de ce point on tirera une ligne toujours parallele à la ligne ponctuée de niveau, qui coupera la cinquiéme perpendiculaire au point d de la troifiéme perche, de ce point d on s'abaiffera de 5 — 6 — 2 jufqu'au point C, qui fera le deuxiéme terme par rapport au précedent, & le troifiéme par rapport au premier. Au milieu & à égale diftance des deux termes en 2, on rapportera l'inftrument à la hauteur de

la ligne de niveau, comme ici au point 2, & on marquera entre les termes & la station, le terrein selon ses différentes hauteurs & inégalités ; ensuite faisant la même chose d'un terme & d'une station à l'autre, jusqu'au dernier terme extrême N, on aura exactement le profil du terrein par où on aura passé avec le nivellement, comme ici de toute la ligne ponctuée ABCDEFG HIKLMN.

Pl. 5. profil & Fig. 5.

200. Il en sera de même de tous les profils que l'on voudra faire, soit des hauteurs, soit de la campagne, des canaux, des rivieres, des fontaines, des digues, &c. dès qu'on aura exactement marqué la hauteur de chaque terme du nivellement & de chaque station.

201. Il y auroit cependant ici une remarque à faire à l'égard des profils d'un nivellement : sçavoir quel seroit l'objet que l'on se proposeroit, ou bien de connoître simplement la hauteur réciproque des deux termes extrémes, comme dans l'exemple précedent, ou bien de connoître la hauteur détaillée du terrein entre lesdits termes ; dans ce second cas la méthode que je viens de proposer est trop générale, & ne pourroit avoir lieu que comme faisant partie d'une seconde méthode que je vais proposer en ce même exemple.

Observation à faire au sujet du profil d'un nivellement.

Méthode pour tracer le Profil détaillé d'un Nivellement.

Pl. 5. Plan & Fig. 4.

202. On suppose en cet exemple le nivellement fait depuis A jusqu'en N par un autre chemin que le précedent, mais sur un terrein qui aura été reconnu pour le plus égal, & le moins élevé au-dessus du niveau des deux rivieres, afin d'y pratiquer le canal marqué OPQRSTUXY pour la communication de l'une avec l'autre.

Du profil détaillé d'un nivellement.

Pl. 5. profil & Fig. 6.

203. Pour cet effet on tracera, sans avoir égard au plan, une ligne ponctuée droite, comme ici de Z en Y, & cette ligne, comme dans le profil précedent, marquera la

ligne de niveau fur laquelle on doit fe régler pour le refte.

204. Enfuite on al baiffera, fur cette ligne de niveau, des perpendiculaires qui marqueront les termes du nivellement, & la véritable diftance de l'un à l'autre.

205. Comme dans ce fecond nivellement on doit avoir trouvé la même différence de niveau entre les deux termes extrêmes que dans le premier, c'eft-à-dire, 5—4—6, on marquera donc, pour commencer à tracer le profil, 5—4—6 fur la perpendiculaire au point O, premier terme du ni-vellement. Sur le point O prolongeant la perpendiculaire, on élevera la premiere perche, fur laquelle on marquera en *a*, comme dans le profil général précédent, le point de niveau felon fa hauteur au-deffus du terme O ; de même à la feconde, troifiéme, quatriéme perche, & les fuivan-tes, jufqu'au dernier terme, comme nous l'avons expli-qué, N°. 197.

Pl. 5.
profil &
Fig. 6.

206. Ainfi, après avoir tracé toutes les lignes de niveau d'un point à l'autre, comme la figure le fait voir, il ne s'agira plus que de détailler le terrein entre chaque terme, felon fes différentes hauteurs.

Raifon pour laquelle j'ai marqué les diftances un peu grandes dans ce pro-fil.

207. J'ai marqué dans ce profil, les diftances un peu gran-des, à caufe du détail; parce que le plus ou moins de lon-gueur en cette circonftance, ne fait rien à la chofe, dès que je fuppofe que l'on peut voir diftinctement avec une bon-ne lunette d'un terme à l'autre, & que la même chofe doit fe pratiquer pour une courte, comme pour une longue dif-tance.

Pl. 5.
profil &
Fig. 1.

208. On verra donc que le terrein depuis O, jufqu'en P n'eft point égal, & pour le rendre dans le profil tel qu'il eft, en exprimant fes inégalités felon leur jufte valeur, on com-mencera par placer l'inftrument à un des termes, comme ici au fecond en P, obfervant de faire rapporter le cheveu qui eft au foyer des verres avec le point de niveau mar-qué *b*, enfuite en vifant vers le premier terme O, on hauf-fera ou on baiffera la mire, jufqu'à ce que l'on voye que le point de niveau marqué au-deffus du premier terme, foit

exactement dans l'interſection du cheveu ; ſans avoir alors
égard ni au filet ni au poids de perpendicule , & la ligne de
viſée d'un point à l'autre , marquera la ligne de niveau.

Pl. 5.
profil &
Fig. 6.

209. A preſent , ſi , pour marquer la hauteur du bord de
la riviere au-deſſus du premier terme , on y fait frapper un
piquet tout près de terre en *a* , & que ſur ce piquet on
préſente la perche , on verra par ce moyen à quelle hauteur l'interſection du cheveu coupe la perche , comme ici

Pl. 3.
Fig. 3.

à 4 — 10 — 0 : alors on portera ſur la ligne de niveau la
diſtance du premier terme au premier piquet , d'où l'on abbaiſſera une perpendiculaire , ſur laquelle on marquera la
diſtance de 4 — 10 — 0 , au point *a* , ce qui déterminera la
hauteur du premier piquet , ou ce qui eſt le même , la hauteur
du bord de la riviere au-deſſus de la ſurface de l'eau , comme le profil le fait voir.

210. Enſuite , ſi en avançant vers le point *b* , on y frappe
un ſecond piquet toûjours ſur la ligne des deux termes , &
que ſur ce piquet on préſente la perche ; l'interſection du
cheveu de la lunette qui reſte toûjours dans la même ſituation , la coupera à telle hauteur , comme ici à 4 — 6 — 0 , &

Pl. 5.
profil &
Fig. 6.

portant ſur la ligne de niveau la diſtance exacte du premier
piquet *a* , au ſecond *b* , on y abbaiſſera une perpendiculaire , ſur laquelle on prendra une diſtance de 4 — 6 — 0 ,
que l'on marquera au point *b* , qui eſt ce qui déterminera
la hauteur du piquet , & par conſéquent du terrein en cette
partie.

211. Pour exprimer le petit fonds *c* , on fera frapper exactement au milieu un troiſiéme piquet *c* à raſe-terre , toûjours ſur la ligne des termes , comme les deux premiers ,
& marquant toûjours en avançant ſur la ligne de niveau la
diſtance exacte du deuxiéme piquet *b* au troiſiéme *c* , on abbaiſſera , comme auparavant , une perpendiculaire , ſur laquelle on marquera la hauteur notée ſur la perche par l'interſection du cheveu , comme ici de 6 — 8 — 0 en *c* , ce
qui déterminera le fond , comme on le peut voir par le
profil.

G iij

212. Pour ce qui eſt du terrein entre chaque piquet, comme la diſtance deviendra courte , il s'exprimera ſelon la prudence & le jugement de celui qui travaille , en quoi il ne luï ſera pas bien difficile de réuſſir, dès qu'il aura exactement les points de toutes les inégalités ſenſibles entre les termes.

213. Pour faire le même détail du deuxiéme au troiſiéme terme , comme du ſecond au premier , il ne s'agira que de tourner la lunette , pour viſer au troiſiéme terme , le reſte eſt abſolument la même choſe comme du ſecond au premier terme , & ainſi toûjours de même d'un terme à l'autre juſqu'au dernier , comme le profil le montre aſſez clairement ; par ce moyen on aura le terrein entre les deux termes extrêmes du nivellement détaillé avec la plus grande exactitude. Si l'on ne vouloit pas reſter à la même ſtation , on pourroit tranſporter l'inſtrument à un autre terme ou bien le placer entre deux , comme il ſe voit dans le profil ſixiéme où il eſt placé entre le deuxiéme & troiſiéme terme , & alors ce ſera abſolument la même choſe.

Pl. 5. profil & Fig. 6.

214. C'eſt avec de ſemblables profils , que l'on peut faire une juſte eſtimation des terres qui ſeroient à enlever pour creuſer un canal, comme celui qui eſt projetté ſur le plan pour la communication des deux rivieres, en y ajoûtant la profondeur que l'on voudroit lui donner , ce qui demande un autre détail dans lequel je ne me ſuis pas propoſé d'entrer dans ce Traité.

Fig. 4.

Autre Nivellement compoſé.

Nivellement à faire dans un terrein de montagnes aſſez difficile. 215. Nous propoſerons dans la planche ſixiéme un nivellement compoſé à faire dans des montagnes & des eſcarpemens , d'une hauteur à l'autre , ſans qu'il ſoit abſolument poſſible de ſe placer à égale diſtance des termes, ni de faire un nivellement réciproque d'un terme à l'autre.

Pour connoître de quelle hauteur pourroit être un jet d'eau. 216. Tel eſt pour premier terme extrême du nivellement le point A pris ſur la ſurface d'une eau qui tombe des montagnes , & pour dernier terme extrême le point K pris du

Pl. 6. Plan & Fig. 1.

fonds d'un baſſin , dans lequel on ſe propoſeroit de pratiquer un jet d'eau. On voudroit connoître de quelle hauteur le jet pourroit être , en conduiſant les eaux du point A , comme reſervoir , au point K du baſſin , par des tuyaux faits & diſpoſés avec toutes les précautions requiſes.

217. Cela ſe connoîtra par le nivellement que nous propoſons en cet exemple ; & pour un pareil nivellement il eſt néceſſaire que l'inſtrument ſoit parfaitement rectifié ; car ſi l'on ne faiſoit qu'en connoître l'erreur pour une certaine diſtance , ce que l'on doit au moins ſuppoſer , il ne manqueroit pas de s'enſuivre quelqu'autre erreur ſenſible à cauſe de la difficulté qui pourroit être de connoître aiſément parmi des montagnes , la véritable diſtance d'un point à un autre.

218. Ainſi lorſqu'on aura premierement bien rectifié l'inſtrument , on le placera pour premiere ſtation au point D , comme du point A qui eſt le premier terme du nivellement, au point D qui eſt ici le troiſiéme terme , la hauteur eſt trop grande & le terrein trop eſcarpé pour pouvoir niveller avec le grand inſtrument , d'un ſeul coup de niveau , il faudra alors ou bien monter de A en D par petits coups avec le niveau d'eau , ou bien ſi on le trouve plus aiſé , deſcendre de D en A , ce qui reviendra toûjours au même.

Pl. 6. Plan & Fig. 1. 219. J'ai dit au commencement du Chapitre II. n°. 53, & 54 , qu'en ſe ſervant du niveau d'eau pour de courtes diſtances , il ne pouvoit pas s'enſuivre d'erreur ſenſible. Pour procéder dans ce nivellement avec ordre, com-

1ᵉ. Terme.	Hauteur.	2ᵉ Terme.	Hauteur.	Diſtance.
A	21 — 6 — 0	C	0 — 9 — 0	90 verges.
C	4 — 3 — 0	D	0 — 3 — 0	40
D	3 — 9 — 0	E	16 — 3 — 0	350
E	5 — 0 — 0	F	17 — 9 — 0	250
F	10 — 6 — 0	G	5 — 0 — 0	375
G	5 — 0 — 0	H	19 — 0 — 0	300
H	5 — 0 — 0	K	47 — 3 — 0	1000
55 — 0 — 0		106 — 9 — 0		2450

106 — 9 — 0
55 — 0 — 0
51 — 9 — 0

me dans le précédent & dans tout autre, on écrira dans la premiere colonne, le premier terme A, dans la feconde la hauteur du point de niveau au-deffus du terme, comme ici de 21 — 6 — 0, dans la troifiéme colonne le fecond terme C, dans la quatriéme le fecond point de niveau au - deffus du terme C, comme ici de 0 — 9 — 0, & dans la cinquiéme la diftance du premier au fecond terme de 90 verges.

220. Pour la feconde ftation, elle ne pourra pas être entre deux termes par rapport à l'inégalité du terrein ; mais elle fera au fecond terme C , où l'on placera l'inftrument pour niveller jufqu'en D , après quoi on marquera dans la premiere colomne C, pour premier terme de ce fecond nivellement ; dans la deuxiéme , la hauteur de la furface de l'eau du niveau au-deffus du terme C de 4 — 3 — 0 ; dans la troifiéme , le troifiéme terme D ; dans la quatriéme , la hauteur du point de vifée *d* au-deffus du terme D , comme ici de 0 — 3 — 0 ; & dans la cinquiéme , la diftance du deuxiéme au troifiéme terme , ci 40 verges.

221. Après cela, on laiffera le niveau d'eau , pour niveller avec le grand inftrument ; car il y a cette différence entre le premier & le fecond niveau, qu'avec celui-ci on nivellera en cinq coups de niveau, plus exactement le terrein propofé dans le plan, qu'on ne feroit en 120 coups avec le niveau d'eau , ou tel autre niveau , qui avec des pinules n'auroit que la portée de l'œil fans lunettes.

222. Je n'ai propofé en cet exemple que deux coups de niveau d'eau, pour monter du premier terme A au troifiéme D ; quoique le terrein, comme on le peut voir par le plan , en exigeroit davantage ; mais je l'ai fait ainfi , pour n'avoir point de confufion dans le plan, ni dans les profils , d'autant plus qu'il ne s'agit ici que de la façon dont on doit procéder dans le nivellement d'un terme à l'autre, & que l'on doit opérer pour tel nombre de ftation, que le terrein exigera de plus, comme pour ces deux-ci.

223. A prefent nous nous fervirons du grand niveau pour niveller d'une feule ftation, en vifant du point D au point
E ,

Pl. 6.
Plan &
Fig. 1.

On laiffe le niveau d'eau pour prendre le grand niveau , différence de l'un & de l'autre.

Pl. 6.
Plan &
Fig. 2.

E, après quoi on marquera dans la première colonne, toûjou's de fuite, le terme D où eſt la ſtation ; dans la ſeconde colonne la hauteur du cheveu qui eſt au foyer du verre objectif, au-deſſus du terme D comme ici de 3—9—0, dans la troiſiéme le terme E, & dans la quatriéme 16—3—0, quoique le point de viſée ſe ſoit trouvé 16—8—4. Mais comme pour la diſtance de 350 verges qui eſt celle du terme D, au terme E, le hauſſement du niveau apparent par deſſus le vrai, eſt de 0—5—4, il faudra donc ôter 0—5—4 de 16—8—4, & il reſtera 16—3—0 pour la hauteur du point de niveau au-deſſus du terme E, que l'on écrira dans la quatriéme colonne, & dans la cinquiéme 350 verges pour la diſtance du terme D au terme E.

Pl. 6. 224. Enſuite on transportera l'inſtrument au terme E, de
Plan & façon que l'on ſoit ſûr qu'il n'y ſoit arrivé aucun change-
Fig. 1. ment ni dérangement dans le tranſport ; car ſi l'on avoit lieu de douter de la moindre choſe de changé ou de dérangé, il faudroit alors ſans héſiter le rectifier de nouveau. Ainſi on le placera pour la ſeconde ſtation audit terme E, après quoi on fera le nivellement vers F comme le précédent, obſervant d'écrire les termes & les hauteurs, chacun exactement dans ſa colonne : mais comme dans ce deuxiéme nivellement, la diſtance d'un terme à l'autre, n'eſt que de 250 verges, il n'y aura alors pour la hauteur du hauſſement du niveau apparent, que 0—2—9 à retrancher de la hauteur du point de viſée, qui étant de 17—11—9, on écrira pour point de niveau, dans la ſeconde colonne, 17—9—0.

225. Après cela, on transportera l'inſtrument avec beaucoup de précaution en G, ſecond terme de ce nivellement, & l'on viſera vers F, comme premier terme, que l'on écrira dans la première colonne, & dans la ſeconde la hauteur du point de niveau 1, plus bas de ſix pouces trois lignes que celui de viſée, qui eſt de 11—0—3, à cauſe du niveau apparent par deſſus le vrai, qui eſt de ſix pouces trois lignes, pour la diſtance de 375 verges entre le terme & la ſtation. Ainſi en ôtant 0—6—3, de 11—0—3, il reſtera

H

10 — 6 — 0, pour la hauteur du point de niveau 1, que l'on écrira dans la seconde colonne ; dans la troisiéme le second terme G, dans la quatriéme la hauteur de l'inftrument au-deffus du terme G, & dans la cinquiéme la diftance entre les termes de 375 verges.

226. Enfuite, fans changer de ftation, & ne faifant que tourner l'inftrument pour niveller vers H, on fera la même chofe comme pour les coups de niveau précédens.

Pl. 6.
Plan &
Fig. 1.

On peut a-
vec une bon-
ne lunette ni
veller 1000
verges.

227. Enfin, tranfportant l'inftrument en H pour derniere ftation, & fuppofant la lunette affez bonne pour voir diftinctement un point au-deffus du château, où l'on feroit alors préfenter la perche, il ne s'agiroit plus que de mefurer la hauteur du point d'interfection fur la perche en *n* jufqu'au point *o* où elle eft pofée, après cela mefurer la hauteur depuis le point *o* jufqu'au rez-de-chauffée I, & depuis le rez-de-chauffée jufqu'au baffin K, ce qui feroit en tout 50 — 9 — 7, defquels feroient à deduire 3 — 9 — 7 de hauffement du niveau apparent par deffus le vrai pour la diftance de 1000 verges, qui eft celle des termes ; ainfi on auroit du point de niveau *n* jufqu'au fonds du baffin K 47 — 0 — 0 de hauteur, que l'on écriroit dans la quatriéme colonne, & dans la cinquiéme 10 0 verges pour la diftance d'un terme à l'autre. Ainfi après avoir écrit tout, & chaque chofe dans fa colonne, comme nous avons dit, on fera les additions & les fouftractions, comme on l'a vû ci-deffus, N°. 220, & on trouvera que le point A eft plus élevé de 51 — 9 — 0 que le point K du fond du baffin ; ce qui fera que la hauteur du jet d'eau pourra être à proportion d'environ quarante-cinq

Conclufion
de ce nivelle-
ment.

pieds, felon le diametre des tuyaux & les autres détails qui les concernent : mais dont il ne fera pas queftion dans ce Traité. Pour ce qui eft de la vérification de ce nivellement,

La vérifica-
tion de ce ni-
vellement fe
fera par le
renverfement
du niveau.

auffi-bien que d'autres pareils à celui-ci, où l'on feroit obligé de niveller de hauteurs en hauteurs, elle ne peut gueres fe faire qu'en vérifiant chaque coup de niveau à chaque ftation par le renverfement de l'inftrument.

Profil général de ce Nivellement.

Pl. 6.
profil &
Fig. 2.

228. Pour ce qui est du profil général de ce nivellement, tel qu'il est marqué au bas du plan, il n'y aura aucune difficulté pour le faire conformément à la premiere méthode proposée pour le profil général du nivellement précédent; dès qu'on aura dans chaque colonne les différentes hauteurs principales exactement écrites.

Profil détaillé de ce Nivellement.

229. Mais si on vouloit faire le profil détaillé des montagnes par lesquelles on auroit passé en nivellant, alors la chose ne seroit plus si aisée, parce qu'on n'auroit point de perches assez longues pour atteindre du fonds jusqu'à la ligne du nivellement; par conséquent la seconde méthode proposée pour tracer un profil détaillé, ne pourroit avoir lieu dans celui-ci.

Profil détaillé des Montagnes.

230. Supposons, par exemple, qu'on veuille détailler le profil des deux hauteurs D, E, & le fond entre deux; alors selon la seconde méthode, on placera l'instrument en D, & on visera vers E, de façon que le point de niveau marqué f sur la perche soit dans l'intersection du cheveu, ce qui marquera la ligne de niveau de e en f. Après cela avec de grandes perches on pourra, selon la seconde méthode, parvenir à détailler le plus bas qu'il sera possible de chaque côté, comme ici jusques aux points a & b; après quoi pour descendre jusqu'au fond, & détailler le reste, on se servira du niveau d'eau, comme l'exemple le fait voir, en descendant du point a jusqu'aux points d, e, & remontant ensuite du point e jusqu'au point b, ce qui ne sera rien moins que difficile à exécuter, pour peu que celui qui travaille ait d'expérience & de connoissance de ce qu'il fait, & de ce qu'il a à faire. En faisant la même chose de hauteur en hauteur depuis le premier jusqu'au dernier terme, il aura le profil dé-

L'instrument doit être bien rectifiée.

Cas où l'on doit se servir du niveau d'eau.

H ij

taillé de tout son nivellement. Je n'ai marqué ici que quatre coups de niveau d'eau, quoique pour cette distance il devroit y en avoir davantage : mais je l'ai fait afin d'éviter la longueur & l'obscurité ; car pour quatre coups de niveau, c'est bien la même chose que pour un plus grand nombre.

231. Il pourroit aussi y avoir dans la suite de pareils nivellemens, quelques cas particuliers qui étonneroient d'abord, mais qui pourtant ne pourroient pas souffrir de grandes difficultés, dès qu'on fera sérieusement attention à la chose, & qu'on observera ce que j'ai dit ci-dessus.

Qu'il n'y a point de cas dont on ne puisse lever les difficultés, en observant les méthodes & regles ci-dessus proposées.

Troisiéme Nivellement composé.

232. Pour troisiéme exemple d'un nivellement composé, je proposerai celui d'une riviere & de toute eau courante, tel que celui que j'ai fait d'une partie de la riviere d'*Haynox*, depuis Lignebruk, jusqu'à Villebourg, & pour regles générales la conduite que j'ai tenu dans ce nivellement.

Précautions qu'il faut prendre lorsqu'il s'agit d'un grand nivellement.

233. J'ai donc choisi un temps calme, & où les eaux ne sont pas sujettes à de grands changemens, pour faire frapper en même-temps en plusieurs endroits de la riviere, ou des bras qui y ont rapport, des piquets à fleur d'eau, ou bien pour y faire quelques marques équivalentes, lesquels piquets & marques ont été les termes principaux de ce nivellement.

Pl. 7. Plan & Fig. L.

234. Le premier piquet mis en A, au-dessus des moulins de Lignebruk, marque la hauteur des eaux hautes au-dessus desdits moulins, & a été le premier terme de ce nivellement.

Différence des eaux hautes aux eaux basses par rapport aux Moulins.

235. Le piquet *b* marque la hauteur des eaux basses au-dessous de ces mêmes moulins, pour faire connoître la différence des eaux hautes aux eaux basses, quelque changement qui ait pû arriver dans la suite du nivellement, qui en ce cas est censé avoir été fait dans le même moment que les piquets ont été frappés.

236. Le piquet B sur le bord de la riviere, marque le

second terme principal du nivellement.

Pl. 7.
Plan &
Fig. 1.

237. Les piquets ou marques C & D au-deſſus & au-deſſous des moulins de MAZURANCE, marquent la hauteur de
leurs eaux hautes & baſſes & leur différence ; ce ſont auſſi
les troiſiéme & quatriéme termes principaux.

238. Enfin, les piquets frappés en E & en F au-deſſus &
au-deſſous des moulins de VILLEBOURG, marquent, comme à MAZURANCE, la différence des eaux hautes & baſſes,
& ſont les derniers termes éxtrêmes de ce nivellement.

239. J'ai donc tout diſpoſé pour que toutes ces marques
fuſſent faites exactement à fleur d'eau par toute la riviere,
dans le même jour, à la même heure & au même moment,
ce qui m'a donné avec la plus grande juſteſſe, la véritable
ſituation de la riviere pour ce moment, auquel, comme je
l'ai déja dit, le nivellement eſt cenſé avoir été fait. De cette
façon, je n'ai eû rien qui ait pu m'embaraſſer dans la ſuite
du nivellement, quoiqu'il ait pu arriver, ſoit par rapport à
la crue, ſoit par rapport à la diminution des eaux.

240. Les principaux termes de mon nivellement étant
ainſi déterminés & fixés, il ne s'agiſſoit donc plus que de
niveller d'un terme à l'autre, ſelon les méthodes ci-deſſus
propoſées, en profitant autant qu'il eſt poſſible des avanta-
ges qui peuvent contribuer au progrès & au ſuccès de l'ouvrage, & en évitant de même tous les obſtacles & difficultés qui pourroient y préjudicier.

241. La premiere regle qui doit être obſervée, c'eſt de
marcher par le plus court chemin qu'il eſt poſſible d'un terme à l'autre.

Que la ligne
la plus courte
eſt la meil-
leure pour un
nivellement.

242. On ne ſuivra pourtant pas cette regle à la lettre, s'il ſe
rencontre dans l'intervalle de grands obſtacles & des difficultés, comme des hauteurs, des bois difficiles, des maréca-
ges, &c. ou bien ſi en s'en écartant, on y trouve un avantage
marqué, comme en cet exemple, où pour marcher de A,
premier terme, juſqu'en B ſecond terme, j'ai profité des
étangs qui ſe ſont trouvés un peu à gauche de la ligne droite
de mon nivellement ; par où l'on peut voir que j'ai beaucoup

Cas où on ne
doit pas ſui-
vre la ligne
la plus cour-
te.

gagné, & que le chemin que j'ai fuivi par la ligne ponctuée
A *c*, *d*, *e*, *f*, *g*, *h*, *i*, *k*, B, quoiqu'il paroiffe plus long, eft
en effet le plus court, puifque je n'ai eu à niveller que les
diftances d'un étang à l'autre comme celles de A *c*, *d e*, *f g*,
h i, *k* B, les diftances entre les termes *c d*, *e f*, *g h*, *i k*, faifant néceffairement chacune une ligne de vrai niveau for-
mée par la fuperficie de l'eau de chaque étang. Car on ne
doute pas qu'il n'y a point de lignes ni de points de niveau
plus fûrs que ceux de la furface d'une eau qui n'a point de
courant, & qui n'eft point en mouvement, & qu'il eft toûjours bon de profiter d'un avantage auffi confidérable, tant
pour abréger l'ouvrage, que pour le faire avec plus d'exactitude.

243. D'ailleurs le nivellement entre chaque terme fe fait
felon les regles ci-devant dites, & qu'il n'eft pas néceffaire
de répéter ici davantage.

244. On peut donc par le plan, & en confidérant le cours
& les finuofités de la riviere, voir de combien j'ai abrégé
l'ouvrage par le chemin que j'ai tenu, & quelle exactitude
il en réfulte; car comme il ne s'agit pas ici de la longueur
du cours de la riviere, mais uniquement de la hauteur réciproque d'un point à un autre pris fur la furface de fon eau,
qui eft ce qui en détermine la pente; il eft fort indifférent
de chercher à la connoître, ou bien en fuivant le courant
de l'eau, ou bien en marchant par le chemin le plus court,
pour arriver d'un point donné comme ici A 2 à un autre
point comme B; ce qui eft très-aifé à concevoir dès qu'on
y fera la moindre attention.

245. Ayant donc nivellé de A jufque en B, comme je
viens de le dire, & écrit exactement dans les colonnes de
mon Livre les termes, les hauteurs & les diftances; j'ai
continué de même de B jufqu'en C, en fuivant la ligne
ponctuée B *l m n o* C qui m'a paru la plus aifée & la plus
convenable; par où j'ai connu avec une extrême précifion,
de combien la furface de l'eau au premier terme A, eft plus
haute que celle du terme C au-deffus des moulins de Ma-

Pl. 7.
Plan &
Fig. 1.

Qu'il nes'a-
git pas de la
longueur de
la riviere,
mais de la
hauteur réci-
proque d'un
terme à l'au-
tre.

zurance ; par conféquent de combien les moulins de Lignebruk font plus élevés que ceux de Mazurance , de
combien la furface de l'eau eft plus haute à une ftation qu'à
l'autre , & toutes les conféquences qui doivent en réfulter.

246. J'ai nivellé enfuite les deux termes C, D, au-deffus
& au-deffous des moulins pour connoître la différence de
leurs eaux hautes & baffes.

247. Du terme D, j'ai nivellé à travers la campagne jufqu'au terme *p* fur le bord de la fidel-zée, & laiffant ce point *p*
pour reprendre à l'autre extrémité de l'étang le point *q*, qui
eft le même que *p*, étant, comme je l'ai déja dit, tous les
deux de niveau; j'ai paffé de la fidel-zée à l ox-zée, en nivellant par le bois de *q* en *r*, que j'ai encore laiffé pour reprendre le terme *s*, d'où j'ai nivellé jufqu'en *t* & de *t* jufqu'en E,
au-deffus des moulins de Villebourg , & de E en F au-
deffous defdits moulins.

248. Par ce nivellement j'ai connu de combien les eaux
au-deffus & au-deffous des moulins de Lignebruk , font
plus hautes que celles des moulins de Mazurance ; de
combien celles des moulins de Mazurance font plus hautes que celles des moulins de Villebourg , & toutes les
conféquences que l'on doit en tirer.

249. Telle eft la conduite que j'ai tenu dans ce nivellement , & celle que l'on doit tenir dans tous les ouvrages de
cette nature. L'on peut voir par cet exemple, de quelle
conféquence il eft de bien connoître le terrein , tant pour
éviter.les difficultés qui pourroient fe rencontrer dans la fuite d'un nivellement , que pour profiter d'une infinité d'avan-
tages très-confidérables.

250. Ce nivellement a été de près de cinq milles d'Alle-
magne en ligne droite, & d'environ neuf ou dix milles en
fuivant le cours de la riviere felon fes finuofités. Il s'agit à
prefent de faire le profil de ce nivellement pour en marquer
exactement toutes les particularités.

Profil du troisiéme Nivellement composé.

251. Pour tracer ce profil, j'ai fait d'abord la ligne ponctuée A G pour être celle de niveau, sur laquelle j'ai abbaissé des principaux termes du nivellement, comme ici A, B, C, D, autant de perpendiculaires, qui étant prolongées d'une façon indéterminée, ont servi à tracer le profil de la maniere suivante.

En commençant par le premier terme A, qui est celui des eaux hautes de Lignebruk, j'ai pris sur la perpendiculaire une distance de trois pieds marquée *b*, pour la différence que j'ai trouvée des eaux hautes aux eaux basses. De ce point *b*, j'ai mené la ligne ponctuée *b c*, parallele à celle de niveau A G. Du point *c* j'ai marqué sur la perpendiculaire une distance de quatre pieds jusqu'en B; & cette distance est celle que j'ai trouvée de différence de hauteur du terme *b* au terme B. Du point B, j'ai mené la ligne ponctuée parallele B *d*. Je me suis ensuite abbaissé de *d* en E de trois pieds pour la différence du niveau du terme B au terme C; & de quatre pieds & demi de C en D, pour la différence des eaux hautes aux eaux basses des moulins de Mazurance. Du point D, j'ai mené une ligne parallele ponctuée jusqu'au point *e*, & sur la perpendiculaire du point *e* jusqu'en E, j'ai marqué trois pieds pour la différence de niveau trouvé du terme D au terme E. Enfin, du point E au point F sur la même perpendiculaire, j'ai marqué un pied six pouces pour la différence des eaux hautes aux eaux basses des moulins de Villebourg; ce qui fait voir que le terme A sur le bord de l'eau, qui est le même que le point A des eaux hautes des moulins de Lignebruk, est plus haut que le terme C des eaux hautes des moulins de Mazurance, de dix pieds; de même le terme C des eaux hautes de Mazurance, est plus haut que le terme E des eaux hautes des moulins de Villebourg, de sept pieds & demi. Si l'on y ajoûte un pied & demi pour la différence des eaux

hautes

Pl. 7.
profil &
Fig. 2.

hautes aux eaux baſſes, on aura dix-neuf pieds dont les eaux hautes de LIGNEBRUK, ſont plus hautes que les eaux baſſes de VILLEBOURG.

De combien les eaux ſont plus hautes à Lignebruk qu'à Ville-bourg.

253. Si dans quelques nivellemens pareils à celui-ci, il ſe trouvoit quelques différences notables dans le cours d'une riviere, comme dans les endroits où elle eſt plus reſſerrée dans des bords étroits, & où elle a moins de fond que dans ceux où elle a plus d'étendue : ce qui ne peut manquer de faire toujours une grande différence par rapport au plus ou moins de rapidité, & par conſéquent par rapport au plus ou moins de niveau d'un lieu à un autre ; il faut alors avoir ſoin de la marquer exactement dans le profil du nivellement, & cela eſt d'autant plus d'importance que les conſéquences qui en reſultent ſont aſſez ſouvent fort conſidérables.

254. Par ces trois exemples du nivellement compoſé, on verra qu'il n'y a point de cas, quelque difficile qu'il puiſſe être, qui doive embaraſſer un Ingénieur, pour peu qu'il entende ſon métier, lorſqu'il ſuivra les maximes ci-deſſus propoſées, & qu'il obſervera une conduite exacte & uniforme dans ſon travail.

Quatriéme exemple d'un Nivellement compoſé.

255. S'il s'agiſſoit de niveller de tout côté & en tout ſens une certaine étendue de terrein, comme, par exemple, une Place avec ſes environs dont il faudroit abſolument connoître avec le plus grand détail & la plus grande exactitude, toutes les hauteurs & les fonds, ſoit pour en faire un relief, ſoit pour y projetter quelques ouvrages, ſoit pour connoître avec une extrême préciſion les hauteurs dont la place ſeroit environnée, de combien elle commanderoit ou ſeroit commandée, &c. l'inſtrument que j'ai propoſé, & dont j'ai fait la deſcription dans le Chapitre précedent, N°. 133. ſeroit très-propre pour cela.

I

256. Suppofons pour exemple Lignebruk, avec fes environs dont on voudroit connoître toutes les différentes hauteurs & fonds, pour quelqu'une des raifons ci-deffus dites. Il faudroit après avoir rectifié l'inftrument par quelques-unes des méthodes ci-devant propofées, le placer en quelqu'endroit commode, à une certaine hauteur d'où l'on puiffe voir une grande étendue de terrein, comme vers la pointe d'un baftion : on pourroit auffi fe fervir de la ftation même pour le rectifier.

257. Il eft à fuppofer que l'on auroit mis aux termes principaux du nivellement que l'on fe propoferoit de faire, des piquets à fleur-de-terre, qu'on les auroit numérotés & exactement notés fur le plan des environs, qui pour cet effet auroit été levé avec la plus fcrupuleufe exactitude.

258. Si d'un point de ftation pris fur la pointe d'un baftion, on nivelle avec l'inftrument bien rectifié, en préfentant fur chaque terme une perche de longueur convenable, on aura exactement toutes les hauteurs réciproques d'un terme à l'autre.

259. J'ai dit que l'inftrument que j'ai propofé dans le Chapitre précedent, feroit le plus propre de tous pour ces fortes d'opérations, parce que pouvant tourner fur fon centre, on pourroit tirer autant de lignes de nivellement que l'on pourroit fuppofer de rayons dans un cercle ; lefquelles lignes de nivellement recouperoient autant de points de niveau fur les perches préfentées à chaque terme, fans préjudice à l'égard que l'on devroit avoir pour le hauffement du niveau apparent. On pourroit faire la même chofe tout-au-tour de la Place, changeant de ftations autant de fois que le cas & le terrein l'exigeroient ; pour peu que l'on faffe attention à la chofe, on verra qu'elle ne feroit fufceptible d'aucune grande difficulté, dès qu'on obferveroit de noter exactement les différentes hauteurs fur le terrein, fur le plan & fur un livret préparé pour cela.

260. Si l'on vouloit entrer dans un plus grand détail, il

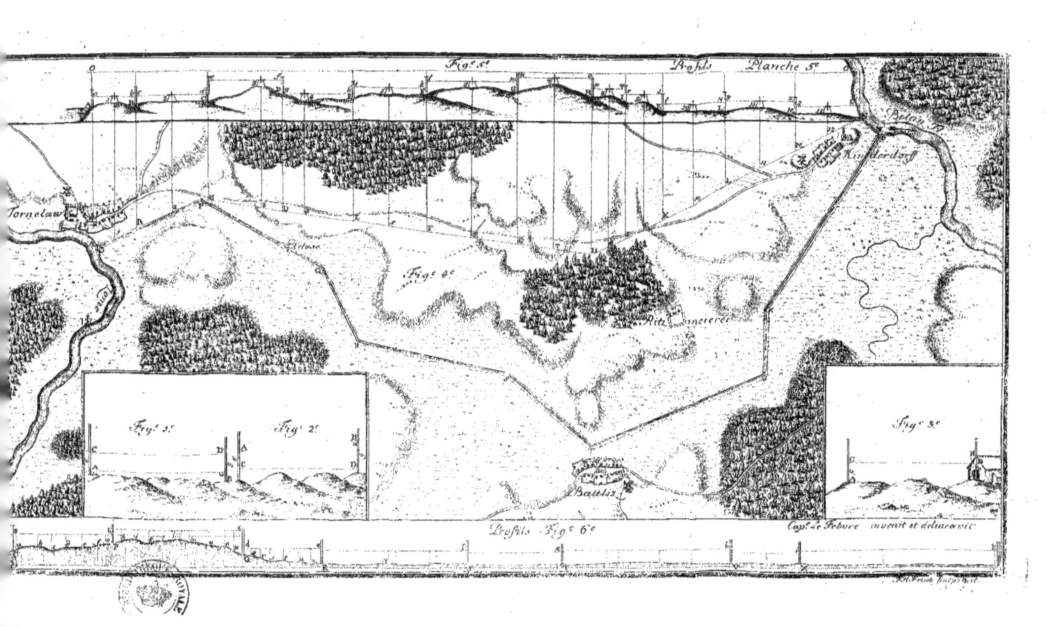

Fig.e 5.e
Profils
Planche 5.e
Belin
Kinderdorf
Tornelau
Picture
Fig.e 4.e
Ritz
Baulitz
Fig.e 1.e
Fig.e 2.e
Fig.e 3.e
Profils Fig.e 6.e
Cap.e Le Febvre invenit et delineavit

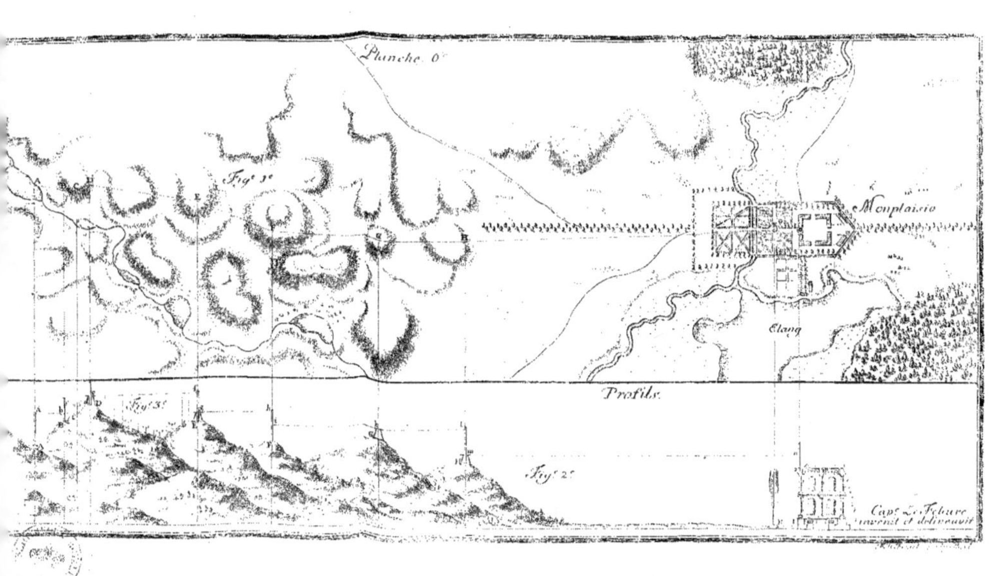

Planche 0.
Fig. 1.
Monplaisio
Etang
Profils.
Fig. 2.
Fig. 3.
Cap.e Le Febure
invenit et delineavit

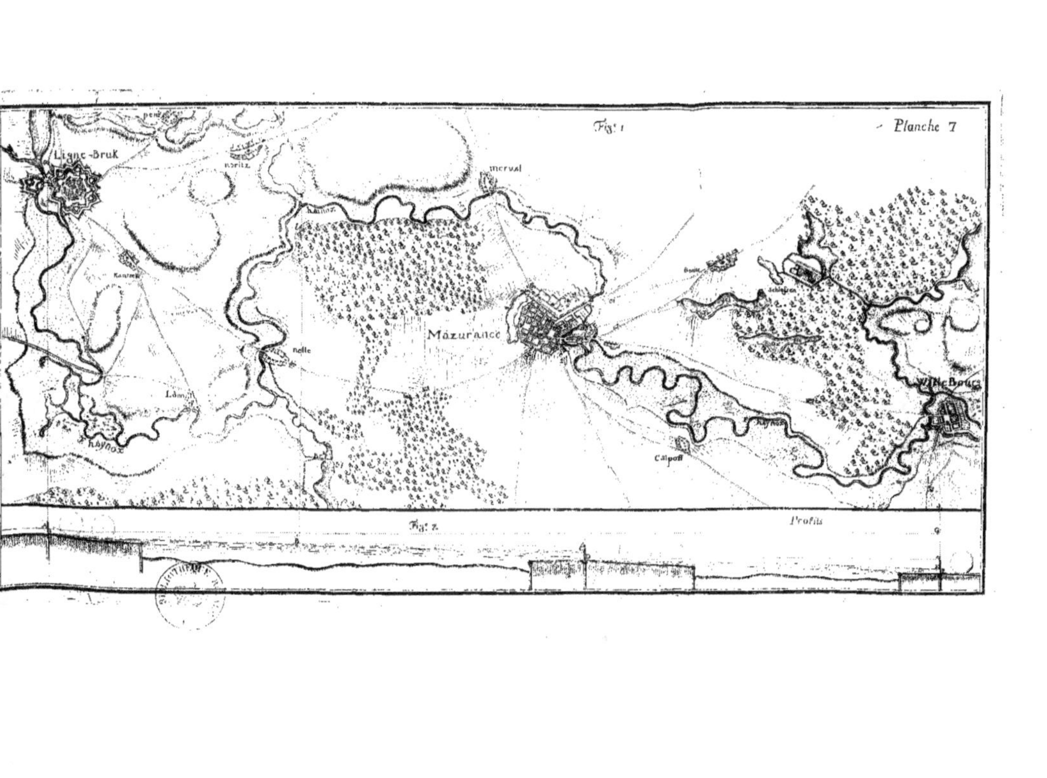

Fig. 1
Planche 7
Ligne-Bruk
penk
noritz
merval
Kamaz
Kamzek
nolle
Lamzk
haynox
Mazurancé
Boit
Schiefen
VilleBourg
Calpoff
haynox
Fig. 2
Profils

ne s'agiroit alors que de niveller d'un terme à l'autre, avec un petit niveau, & d'en faire les profils de la façon que nous avons déja dit. De cette maniere on pourroit remplir, avec une extrême précision, les objets que l'on se seroit proposés.

F I N.

Extrait des Regiſtres de l'Académie.

Du Jeudi 10 Juin 1751.

MONSIEUR le Directeur & Profeſſeur EULER a fait rapport qu'ayant lû le Traité de M. le Capitaine LE FEBVRE ſur le Nivellement, il a trouvé que toutes les pieces qu'il avoit ajoûté aux inſtrumens qu'il propoſe pour ce deſſein, concourent à en faciliter les opérations, & à les porter à tout le degré de préciſion qu'on peut ſe promettre dans ces ſortes d'opérations.

Je certifie que cet Extrait eſt exactement conforme aux Regiſtres. A Berlin ce 18 Juin 1751.

Scellé du Sceau de l'Académie, & Signé,

FORMEY, Sécretaire perpétuel.

A P P R O B A T I O N.

NOUS Souſſigné Feld-Maréchal des Armées de SA MAJESTE le Roy de Pruſſe, Chevalier de l'Ordre de l'Aigle-Noir, &c. certifions que nous avons vû & examiné

le Niveau dont M. le Capitaine LE FEBVRE *a fait l'é-*
preuve devant Nous, que cet instrument a, outre toutes les pro-
priétés de celui de M. Picard, celle d'être bien plus commode
dans la pratique, & que les changemens qu'il y a fait, aussi
bien que plusieurs pieces essentielles qu'il y a ajouté, le rendent
bien plus aisé pour acquérir cette grande précision réquise dans
les opérations du Nivellement, & en conséquence nous lui don-
nons notre Approbation. A Berlin ce 17 Août 1750. Signé,

LE COMTE DE SCHMETTEAU.

AVIS AU RELIEUR.

IL aura soin de mettre la premiere planche entre le premier & le second Chapitre.

La deuxiéme, troisiéme & quatriéme entre le second & le troisiéme Chapitre.

La cinquiéme, sixiéme, septiéme, à la fin du troisiéme Chapitre. Observant de les coller à une feuille de papier blanc, afin que toute la planche puisse sortir.

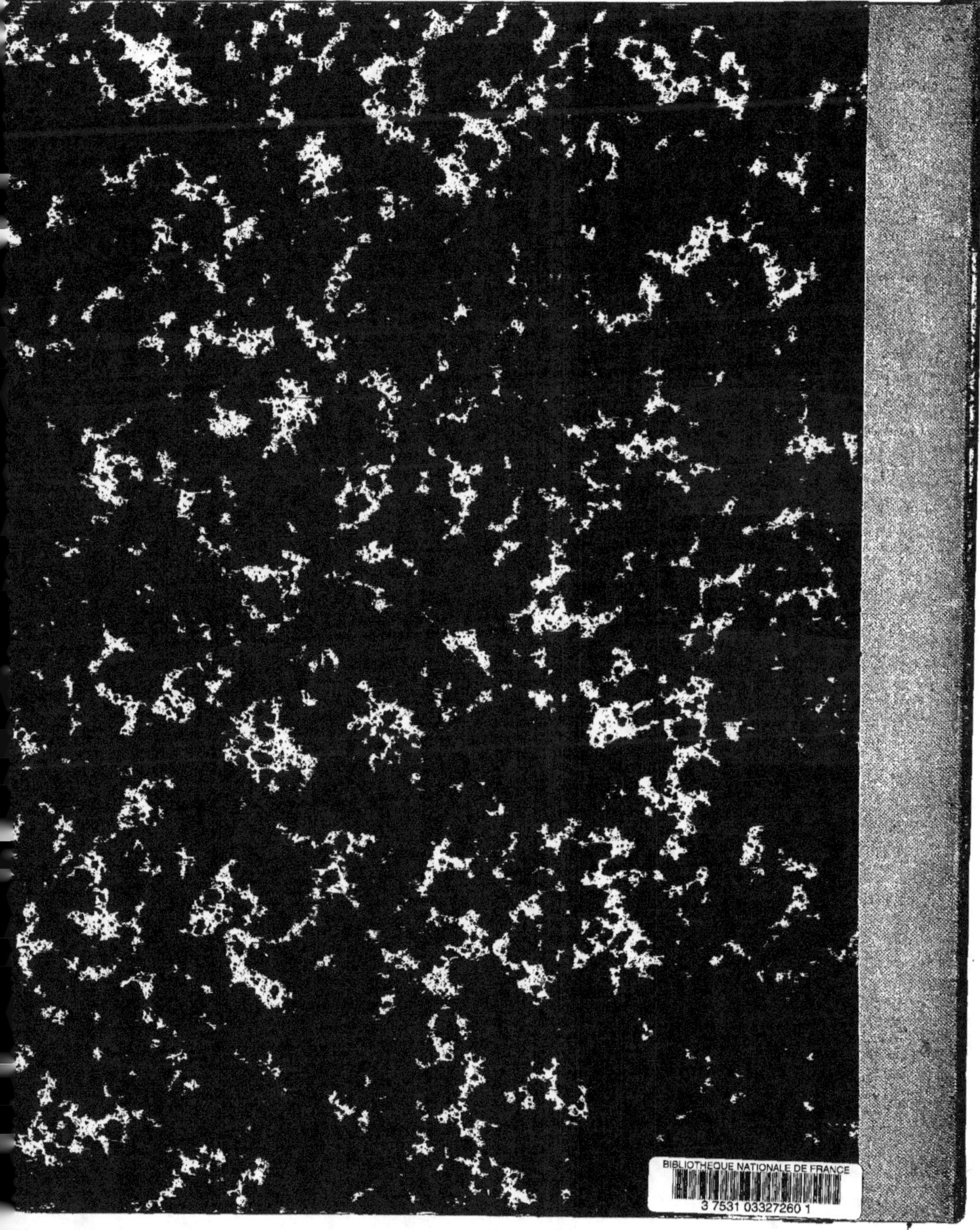